蓝色海洋探秘

魏辅文 主编　　智慧鸟 编绘

南京大学出版社

图书在版编目（CIP）数据

蓝色海洋探秘 / 魏辅文主编 ； 智慧鸟编绘.
南京 ： 南京大学出版社， 2025. 3. -- （我是小科学家）.
ISBN 978-7-305-28624-7

Ⅰ. P7-49

中国国家版本馆CIP数据核字第2024QN1922号

出版发行 南京大学出版社
社　　址 南京市汉口路22号
邮　　编 210093
项 目 人 石　磊
策　　划 刘雪莹

丛 书 名 我是小科学家
LANSE HAIYANG TANMI
书　　名 蓝色海洋探秘
主　　编 魏辅文
编　　绘 智慧鸟
责任编辑 孙鑫源 刘雪莹
印　　刷 南京凯德印刷有限公司
开　　本 787 mm × 1092 mm 1/16开　印　张 9　字　数 100千
版　　次 2025年3月第1版
印　　次 2025年3月第1次印刷
ISBN 978-7-305-28624-7
定　　价 38.00 元

网址 http://www.njupco.com
官方微博 http://weibo.com/njupco
官方微信 njupress
销售咨询热线 （025）83594756

目 录

目 录

目录

目 录

海和洋是一回事吗？

广阔的海洋，美丽而壮观。你知道吗，其实海和洋完全是两个概念。那么，什么是海，什么是洋呢？

洋是海洋的主体部分，位于远离大陆的远海地区，是一片广袤而浩瀚的水域。洋大约占整个海洋总面积的 89%，深度通常在 2000 米以上。洋

的水色清澈透明，呈现蓝色。全球一共有四个大洋：太平洋、大西洋、印度洋和北冰洋。

海则是大洋的边缘部分，约占整个海洋总面积的 11%，深度在 2000 米以内。相对于洋，海的深度比较浅，水温受大陆气温的影响比较大。按照海所处的位置不同又可分为边缘海、陆间海和内陆海。

海是洋的一部分，所以说海和洋是紧密联系的。

原始海洋是怎样形成的?

海洋波澜壮阔，风光秀丽，还是一个巨大的宝库，地球上的大部分生物资源都集中在海洋中。而地球的生命最初也起源于海洋，可是，早期地球上的海洋和我们现在见到的海洋可完全不一样。那么，原始海洋是怎样形成的，又是什么样子的呢?

要弄清原始海洋的形成，就不得不提到地球的原始形态了。在地球形成的初期，地表凹凸不平，逐渐形成了高山、平原、盆地等各种地形。在地球形成的过程中，天空中的水汽与大气共存于一体，浓云密布。

当地壳逐渐冷却后，大气的温度也跟着慢慢降低，水汽以尘埃和火山灰为凝结核，变成一个个水滴，这些小水滴越积越多。由于冷热不均，空气对流剧烈，于是便形成了雷电、狂风和大雨。就这样，雨越下越大，水也越来越多。这些水通过千川万壑汇集成巨大的水体，于是，原始海洋就形成了。

当时，原始海洋中的水并不像今天海洋中的水那么咸，而是带有一点点酸性，也缺少氧，但温度比较适宜。随着水分的不断蒸发，反复地成云致雨，大气中的氨和碳等物质也通过雨水进入原始海洋，这就为原始生命的产生提供了有利的条件。大约在30多亿年前，原始海洋里产生了有机物。

广袤的原始海洋，气象万千，大量的有机物不断地出现，于是，海洋就成了生命的摇篮。后来，随着水和盐分的逐渐增加以及地质的沧桑变化，原始海洋才逐渐演变成我们今天所看到的海洋。

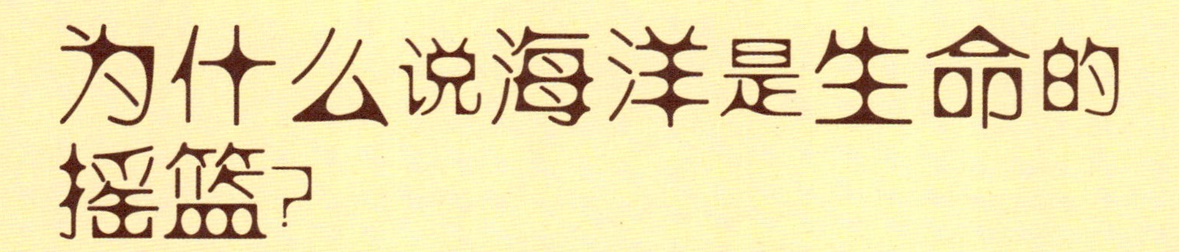

为什么说海洋是生命的摇篮？

地球是一个古老的星球。现如今，在地球上生活着数不清的生命，但是，你们知道地球上的生命是怎么诞生的吗？生命最早的发源地又在哪里？下面，就让我们揭开生命诞生的谜底吧！

众所周知，水是很好的溶剂，而海水中又包含许多生命所需的无机盐。所以，海洋中的原始生命可以在海水里很轻松地吸收它们生长所需的元素，还有溶解的氧气等。

同时，海水具有很高的比热容，再加上它浩大的水体，任凭外界环境

怎么变化，海水的温度波动都比较小。因此，巨大的海洋就像是天然的“保温箱”，成为孕育原始生命的摇篮。

那么，原始生命是怎么诞生的呢？原来，原始海洋在雷电、紫外线以及高温高压的作用下，水里的无机物被聚合成多种氨基酸，而这些氨基酸进一步合成为蛋白质。蛋白质和其他多糖以及高分子脂类，在一定条件下就孕育出了最原始的生命。

地球上最原始的生命形态很简单。一个没有细胞核的细胞就是一个生命体，这样的生命体我们叫它原核生物。它们靠细胞表

面直接吸收周围环境中的养料来维持生命。这些圆形的、弧形的、杆形的原核生物，又经过了数亿年的进化，逐渐演化出原始的单细胞藻类。

原始藻类的繁殖以及光合作用，产生了氧气和二氧化碳，为高级生命的出现准备了条件。

后来，原始的单细胞藻类又经历数亿年的进化，产生了原始水母、海绵、三叶虫、鹦鹉螺、蛤类和珊瑚虫等。它们有的早已经灭绝，有的至今还生存在这个世界上。

海洋的年龄有多大呢？

印象中，海洋和地球是一样古老的，但是，在科学家对深海进行研究考察之后，得出了不同的结论！

那么，海洋的年龄究竟有多大呢？关于这个问题，科学家们给出了三种答案。

第一种观点认为，海洋是原生的。简单地说，有地球之时就是海洋诞生之日。也就是说，海洋的年龄和地球一样古老，有约 46 亿年之久。

第二种观点认为，各大洋的年龄是不相同的。太平洋最古老，好比人类的不惑之年，它早在古生代就形成了。而大西洋则相当于风华正茂的青年时期，正是最强壮的时候，因为它形成于古生代末期或中生代，距离现在更近。

第三种观点认为，世界各大洋都很年轻。根据这个观点，在学术界流传着“古老的海洋，年轻的洋底”的说法，认为世界各大洋都形成于古生代的末期到中生代的初期。现在海洋所覆盖的地区，就是原来的大陆。

如今，深海钻探技术比以前先进了很多，人们通过这种技术研究海底沉积物的类型和变化，使得越来越多的人倾向于认同上面的第三种观点。

按照人类实际钻探的结果显示，世界各大洋洋底的地壳都很年轻，其形成的历史一般不超过 1.6 亿年，而海洋则是在地球诞生不久后形成了。

海洋有多广多深呢？

现如今，随着科技的发展，人类已经变得无所不能了。但是，有一个地方，人类还不能随心所欲地涉足，那就是让人们感到既熟悉又陌生的海洋啦！

你了解海洋吗？海洋到底有多广多深呢？

众所周知，世界上 71% 的地表都被海洋覆盖着，它的总面积约 3.6 亿平方千米，大约是中国国土面积的 38 倍。

在四大洋中，太平洋的面积最大，约为1.79亿平方千米，占整个海洋面积的一半，即便是把地球上的所有陆地加在一起也没有它大。大西洋的面积有9300多万平方千米，大约是中国国土面积的10倍。印度洋的面积约为7400万平方千米，大约有8个中国国土面积陆地部分那么大。北冰洋的面积大约有1400万平方千米，是四大洋中面积最小的。

你现在了解海洋有多广阔了吧！那么，海洋有多深呢？经过科学家反复的测量计算，人类已经知道了海洋的深度。海洋的深度可不像我们平时使用的游泳池那样是等

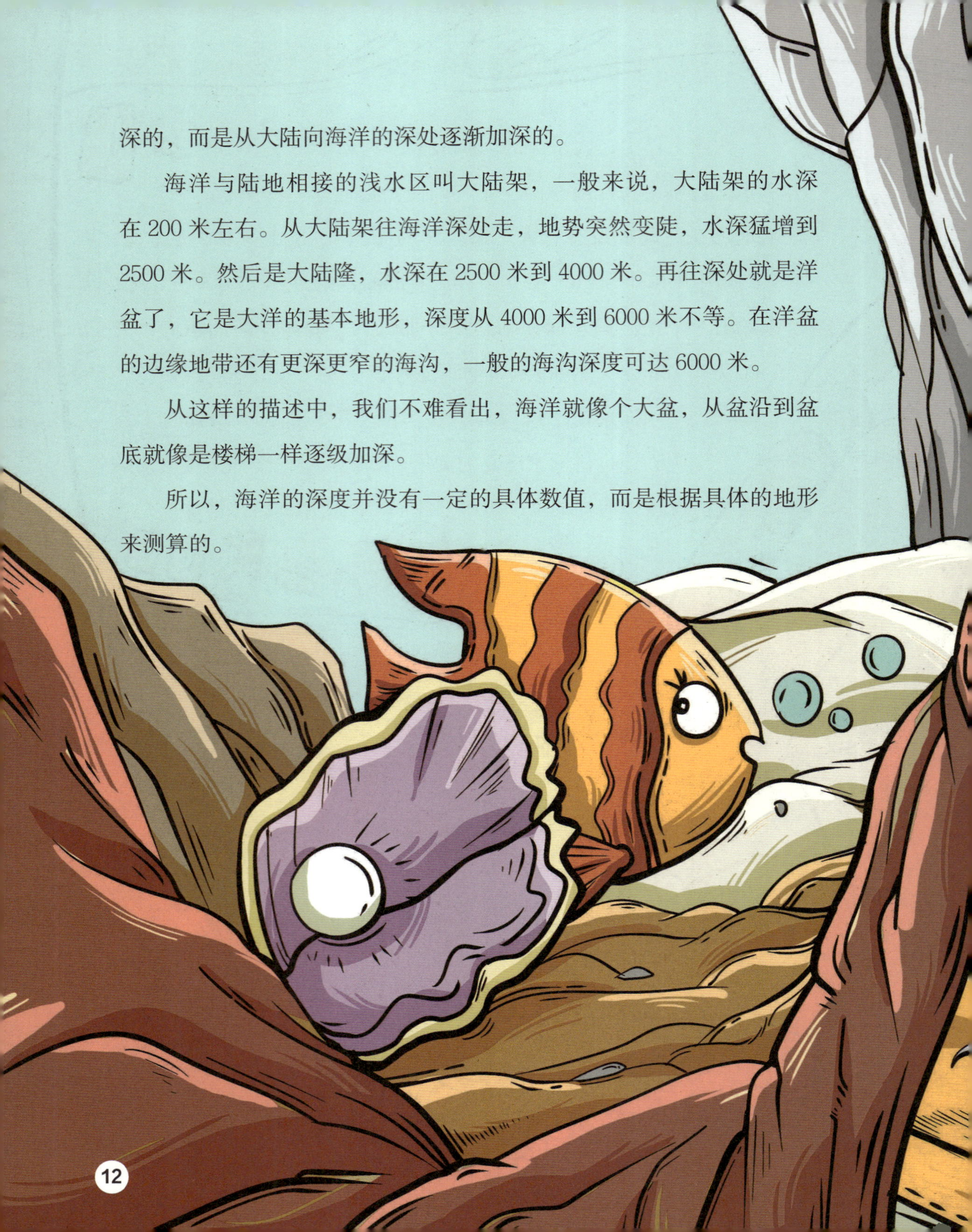

深的，而是从大陆向海洋的深处逐渐加深的。

海洋与陆地相接的浅水区叫大陆架，一般来说，大陆架的水深在 200 米左右。从大陆架往海洋深处走，地势突然变陡，水深猛增到 2500 米。然后是大陆隆，水深在 2500 米到 4000 米。再往深处就是洋盆了，它是大洋的基本地形，深度从 4000 米到 6000 米不等。在洋盆的边缘地带还有更深更窄的海沟，一般的海沟深度可达 6000 米。

从这样的描述中，我们不难看出，海洋就像个大盆，从盆沿到盆底就像是楼梯一样逐级加深。

所以，海洋的深度并没有一定的具体数值，而是根据具体的地形来测算的。

海水都是蓝色的吗？

假如你去过海边，当你嬉水玩乐的时候，你会发现海水是无色透明的。但是，为什么在生活中，人们描述大海的时候都喜欢用“蓝色的海洋”“蔚蓝的大海”呢？这到底是怎么回事？是谁给大海涂上了颜色？

其实，海水的颜色主要是因海水对太阳光线的吸收、反射和散射形成的。

我们平时看到的日光是由赤、橙、黄、绿、蓝、靛、紫七种色彩的光线复合而成的。在这七种色彩的光线中，波长长短不一，其中波长比较长的红光、橙光穿透能力强，最易被散射和反射，最容易被水分子所吸收。

在这些光线中，如蓝光、紫光的波长比较短，且穿透能力很弱，当这两种光遇到纯净的海水时，很容易被反射和散射。而人们的眼睛对蓝光非常敏感，对紫光感知稍弱，因此，我们所见到的海洋就呈现出一片蔚蓝色或深蓝色。

不过，海水也不全是蓝色的，还有红色、黄色、白色的和黑色的呢！

海水颜色除了受散射、折射的影响，还会受到海水中的悬浮物质、海水的深度、云层等其他因素的影响。如我国的黄海，看上去一片黄绿，这是过去黄河夹带的大量泥沙将海水“染黄”的结果。虽然现在黄河改道流入渤海，但黄海北部有宽阔的渤海海峡与渤海相通，故海水仍呈浅黄色。

红海里生长着一种水藻，因海水温度很高，这种水藻大批死亡后呈红褐色，将海水染成红色，红海也由此而得名。

深入俄罗斯西北部内陆的白海，纬度位置比较高，终年寒冷，冰雪茫茫，加之有机物含量少，海水呈现出一片白色，故名白海。

海水为什么不容易结冰呢?

在冬天的北方，假如在寒冷的户外放上一盆水，不一会儿水就会结成冰啦。但是，同样寒冷的户外，海水为什么就不会结成冰呢？这真叫人想不明白啊！

其实，因为海水中含有大量的盐，所以不容易结冰。这跟腌咸菜的盐水不结冰是同一个原理。只有在气温非常非常低的时候，海边上才会偶尔见到海水结成的冰。

有些思维敏捷的小朋友会说，南极附近的海面上有冰山，北冰洋和北极更是冰天雪地，这又怎么解释呢？

其实，在地球两极地区及附近的海面上漂浮的冰山，并不是由海水冻成的。这些冰山有的是由淡水受冷结成的，有的是由淡水结成的冰原在断裂后漂移到海洋中的。这与你把冷冻后的小冰块放到盐水盆里的道理是一模一样的！

这些漂浮在海面上的冰山，往往高出海面 60 ~ 90 米，绵延好几百米，有的甚至有好几千米。

海水的温度会变化吗？

在炎热的夏季，海边是人们避暑消夏的地方。大人带着孩子在清凉的海水里嬉戏打闹，别提多惬意了。但是，人一旦回到岸边，就会感到非常热。是什么造成了这种“冰火两重天”的局面呢？

其实，这背后的“主谋”就是海水的温度！

那么，什么是海水的温度呢？原来，海水的温度指表示海水冷热的物理量，以摄氏度数表示。海水温度的高低取决于大气与海水之间的热交换量和蒸发量等因素。

一般说来，海洋的水温在 -2℃ ~ 30℃之间，其中年平均水温超过 20℃的区域占整个海洋面积的一半以上。海水的温度有日、月、年等周期性变化和不规则变化。

人们经过直接观测发现：海水的温度日变化很小，在海洋深度 350 米处左右有一个恒温层。在这一层之内，水温变化都不大。但是，随着海水深度的增加，水温逐渐下降。一般情况下，海水每深 1000 米，水温下降 1℃ ~ 2℃。

但是，海水的温度也不是一直下降的，等深度达到一定程度时，海水的温度将不再变化，基本维持在相同的水平，也就是 4℃左右，但是在有海底火山等特殊地形的地方，海水温度会稍高一些。

海水温度的变化，还有一个有趣的现象：夏天表层的水温高，冬天底层的水温高。

海水为什么又咸又苦呢?

如果夏天我们到海边去玩，不小心喝了一口海水，你会发现海水的味道又咸又苦。这是为什么呢?

其实，原始海洋中的水并不像今天这么咸，是后来才逐渐变咸的。海水中有大量的氯化钠，也就是盐的主要成分。可是，海水中的盐又是从哪里来的呢?

原来，大气和火山喷出的气体中有一些固体物质，如氯化钠、氯化镁等无机盐，它们最后都溶解在水中流进海洋。另外，陆地和海底的一些岩石在风化后产生的盐分也汇入了海水中。久而久之，海水中的含盐量越来越高，就越来越咸了，变成了现在的海水。

海水那么苦又是怎么回事呢？原来，这是因为海水中除了含有氯化钠外，还含有氯化镁。因为氯化镁的味道是苦的，所以海水也就有苦味了。

我们平常喝的水都是淡水，虽然地球上有很多海水，但人们从来都不喝，这是为什么呢?

前面我们介绍了，海水中含有大量的无机盐，这些盐类中矿物质元素的浓度都非常高，所以不能直接饮用。一旦直接饮用大量海水，某些矿物

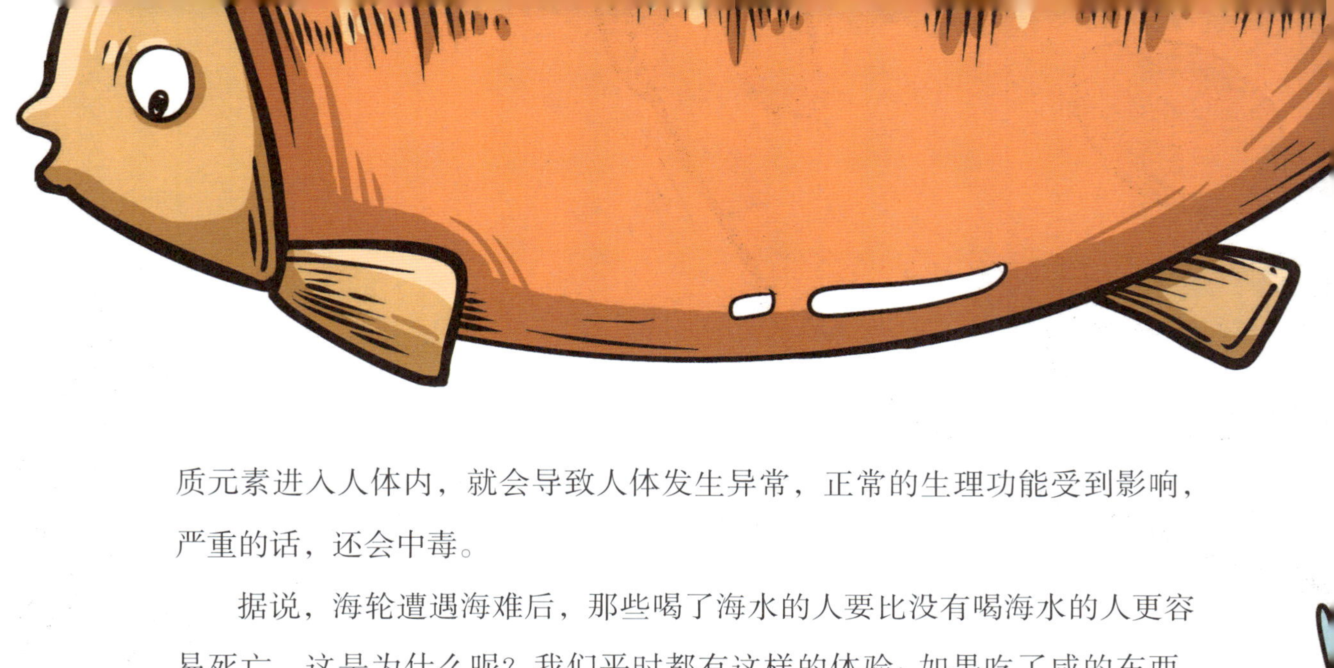

质元素进入人体内，就会导致人体发生异常，正常的生理功能受到影响，严重的话，还会中毒。

据说，海轮遭遇海难后，那些喝了海水的人要比没有喝海水的人更容易死亡。这是为什么呢？我们平时都有这样的体验：如果吃了咸的东西，就要喝大量的水。和这个道理类似，喝了海水的人，因为没有淡水去调节，体内的水分就无法得到补充，结果就会脱水而死。所以，假如我们不小心喝了海水，一定要及时喝大量的淡水来补救哟！

海底是什么样子的？

如果将大海中的水全部抽干，想象一下呈现在我们面前的会是一幅什么样的画面？在我们生活的陆地上，有连绵不断的山脉，那海底也有吗？在陆地上，有平坦的地区，那海底是不是也有平坦之地呢？现在，就让我们一起来揭开海底神秘的面纱吧。

实际上，海底也是地球表面的一部分，和我们陆地一样，既有高低起伏的山脉，也有深邃的峡谷，既有低洼的盆地，也有坦荡的平原。而且，它们大部分都比陆地上的更加壮观。

海洋的地形大体上可以分为三个部分：大陆架、大陆隆和洋盆。

大陆架是大陆边缘在海面以下的延续部分，坡度不大，比较平坦，上面覆盖着一层从陆地上“搬运”来的厚度不等的碎石。大多数海洋生物主要栖息在大陆架这个区域。这里还有非常丰富的石油、天然气以及美丽的浅海风光等。

大陆坡是指大陆架外缘到深海洋底、坡度陡峭的过渡带。这是地球上最大的斜坡，深度大约在3000米。这里非常黑暗，动植物也非常稀少。

从大陆坡往下就是广阔的大洋底部了。这是海洋的主体部分，深度约为 3000 ~ 6000 米。大洋底部覆盖着一层不太厚的海底沉积物，人们将其称为深海软泥。这里的地貌有很多种类型，比如海盆、海沟、海山和海底高原等。最壮观的还是海底山脉，是海底规模最大的构造。这些丰富多样的海底地貌，使大洋底部更加雄伟壮丽，气势磅礴。

海底地貌和陆地地貌一样，也是内外力共同作用的结果。内部力量主要是指海底扩张、板块构造活动等，而外部力量则是波浪、潮汐等。

什么是海洋潮汐？

我们人类主要是靠鼻子和肺等器官来呼吸的，而大海也会“呼吸”，那就是海水的潮涨潮落，也就是潮汐。你去观看过钱塘江大潮吗？它可是世界上著名的涌潮之一呢！每次钱塘江涨潮，都会吸引很多游人前去观看。实际上，钱塘江潮涌就是海洋潮汐的一种！那么，什么是海洋潮汐呢？

海洋潮汐是海水在天体引潮力的作用下产生的周期波动现象，表现为垂直方向的潮位升降和水平方向的潮流进退。通常把发生在白天的称为潮，发生在夜间的称为汐。

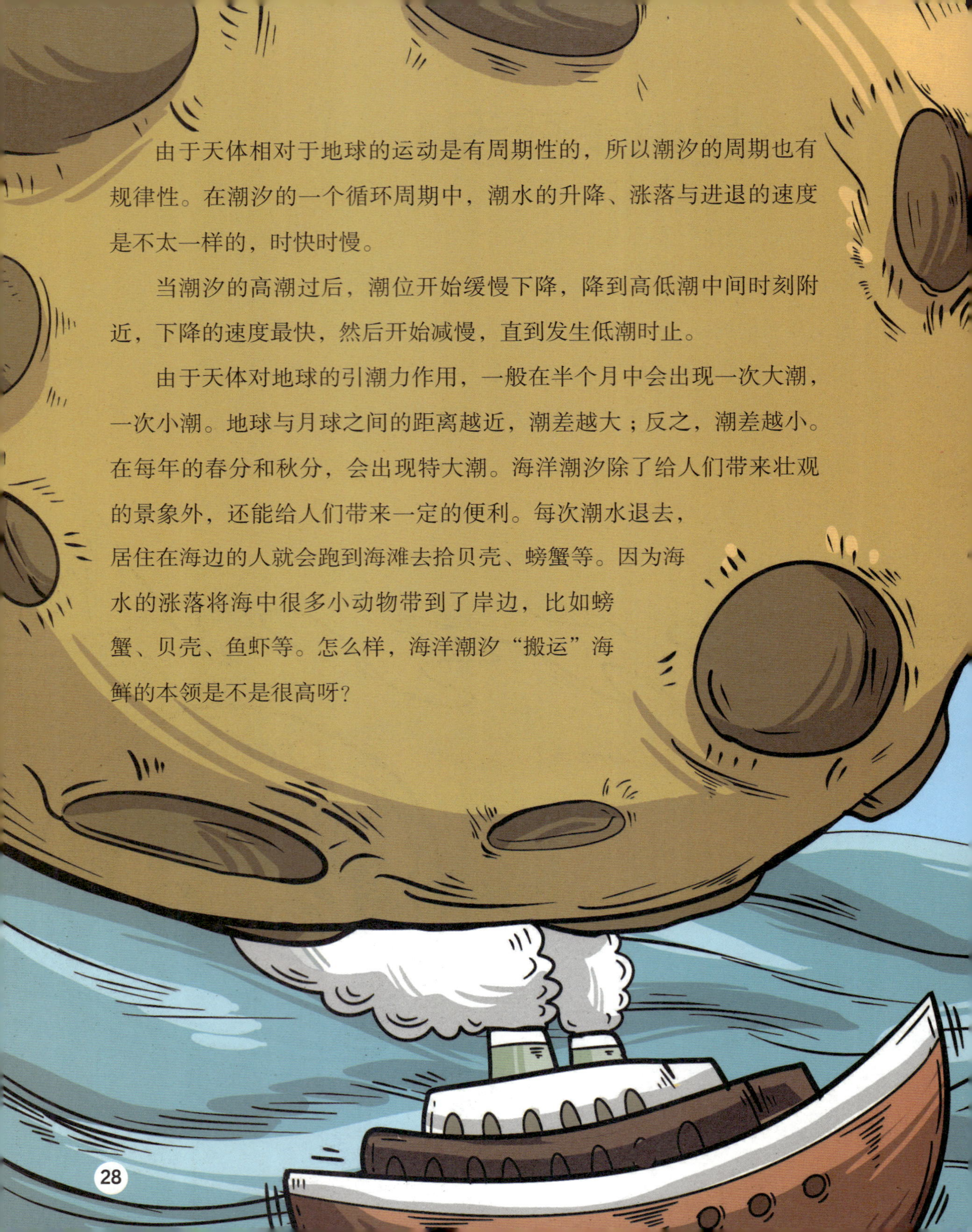

由于天体相对于地球的运动是有周期性的，所以潮汐的周期也有规律性。在潮汐的一个循环周期中，潮水的升降、涨落与进退的速度是不太一样的，时快时慢。

当潮汐的高潮过后，潮位开始缓慢下降，降到高低潮中间时刻附近，下降的速度最快，然后开始减慢，直到发生低潮时止。

由于天体对地球的引潮力作用，一般在半个月中会出现一次大潮，一次小潮。地球与月球之间的距离越近，潮差越大；反之，潮差越小。在每年的春分和秋分，会出现特大潮。海洋潮汐除了给人们带来壮观的景象外，还能给人们带来一定的便利。每次潮水退去，居住在海边的人就会跑到海滩去拾贝壳、螃蟹等。因为海水的涨落将海中很多小动物带到了岸边，比如螃蟹、贝壳、鱼虾等。怎么样，海洋潮汐“搬运”海鲜的本领是不是很高呀？

什么是海湾？

如果你手边有地图，你一定会发现在大陆与海洋的交界处，分布着一个探进大陆的水域，它叫什么名字呢？

原来，这些探进大陆的水域，有一个非常贴切的名字——海湾。

海湾是海和洋深入大陆的一部分，它三面靠陆，一面朝海，其深度和宽度都比海洋要小很多。

海湾的形状各种各样，有的曲折蜿蜒，深入陆地；有的则平直宽阔。有的海湾周围被陆地紧紧包围，只有一个小小的出口与外海相连，如我国的渤海湾等。

海湾不仅形态各有不同，而且面积的差别也很大。有的海湾面积比海还大，如著名的孟加拉湾等。

值得一提的是，在地球漫长的历史中，海湾的形状和位置都发生了沧海桑田般的巨大变化。就以我国的杭州湾来说，现在的杭州湾在五六千年前还是一片汪洋大海。当时的海湾位置要一直深入到现在的杭州城一带。如今的西湖和杭州城当时都还淹没在一片蔚蓝的大海里。随着时间的推移，两侧泥沙不断堆积，沙土淤地不断向东推进延伸，海湾的位置也逐渐向东移动，最后形成呈大喇叭口似的杭州湾。

有趣的是，人们在航海交通等实际的活动中，往往把海和湾混为一谈，没有严格的区别。例如，有的海虽然名字叫湾，其实却是海，例如墨西哥湾。

为什么海岸线会变动呢？

海水与陆地的分界线，称为海岸线。在我国，有着约 3.2 万千米的海岸线，这些笔直的抑或是弯弯曲曲的海岸线，把陆地和海水清晰地分隔开。

下面就让我们来揭开海岸线的真实面目吧！

众所周知，海水和陆地是以海岸为界的，有了海岸线的阻隔，海水和陆地被切割成两块儿。但是受海水的涨落以及海水运动等因素的影响，海

岸线会经常移动。

根据科学家们的研究发现，海岸线在近二三百万年中起码发生了三次全球性的大变动。有时，海水逐渐退去，原来在海面以下的大片土地就变成了陆地；有时，海水又再次涨回来，使沿海的大片土地再次沉没海底。在这样的来回拉锯中，海岸线也就跟着起起伏伏地变化了。

那么，海岸线变化的幅度有多大呢？

让我们把目光聚焦到距今约 7 万年的那次大海退。在 7 万年前，海平面一直处于下降趋势，直到 2 万年前，海平面退到最低点，中间持续了四五万年之久。当时的海平面要比现在低 100 多米。因此

那时的海陆分布、海岸线位置和现在也完全不同。

我们不禁要问，是什么原因导致海岸线发生这么大的变化呢？科学家通过大量的调查研究，找到了这个问题的答案。

首先，气候的变迁和冰川的进退是造成海岸线变化的最主要原因。

在近二三百万年间，地球上曾经有过几次冰期。每当处于冰期的时候，天气变得寒冷，地球上的水不断变成雪降落在陆地上，最后堆积成很大的冰川留在陆地上，而没有流到海洋里去。降水的来源主要是海水蒸发，当海水蒸发损失大而补充少时，海水就会越来越少。长此以往，海平面就慢慢地降低了。据科学家们研究发现，地球上最近的几次大海退就是这样造成的。但是，一旦地球过了冰期，气候变暖、冰川消融，陆地上的融水就会回流到海洋里去，海面也会再度上升。

其次，地壳的升降运动会影响海岸线的变化。地壳构造力的作用可以使原来的深海隆起成为高山，也可以使高山沦为深海。地壳每时每刻都在悄悄地演绎着“沧海变桑田”的奇迹。

另外，河流的泥沙淤积也是造成海岸线变化的一个重要因素。流动的河水中携带的泥沙越多，所形成的三角洲向大海扩张的速度就越快，从而导致海岸线发生明显的变化。

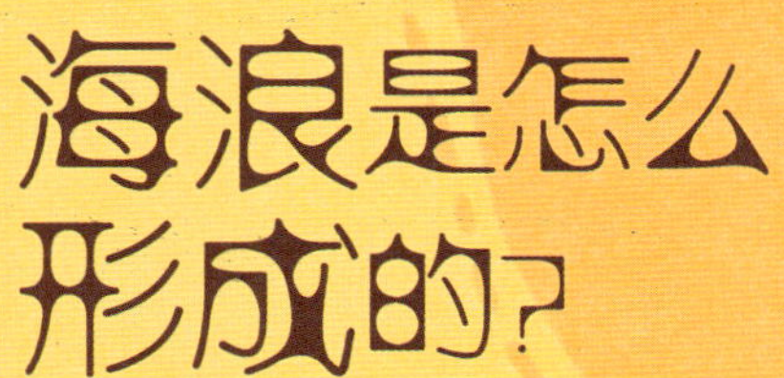

海浪是怎么形成的?

海洋是个神奇的地方，常常吸引许多人为之驻足，为之倾倒。海浪一波接着一波涌来，一些勇敢的冲浪者，他们矫健的身姿随着波浪起舞，令人好生羡慕！但是，你知道海浪是怎么形成的吗?

当风吹过海面时，会对局部海面产生作用力，使得海面变形，形成了海浪。如果海风持续不断，那么在连续风力的作用下，海面上就会形成多个浪波传递的情形，一个接着一个，最后就形成了波浪。

当风刮过海面时，一方面，风会对海面产生压力，另一方面，风通过与海水的摩擦把能量传递给海水。海面受到风力作用，开始产生运动，形成微波。微波出现后，原来平静的海面发生起伏，使得海面变得“粗糙”，同时加大了海面的摩擦性，为风继续推拉、带动海水运动提供了有利条件。于是，在风的相助下，波浪逐渐成长壮大，所以“风狂浪大”的说法是有其科学根据的。

常见的波浪包括风浪、涌浪、近岸波等，即便是在风和日丽的时候，海面上也会出现涌浪和近岸波，这就是我们平时在海边常常见到的海浪。

如果你细心观察就可以发现：生活中无论遇到多么大的风，小水池里也起不了惊涛骇浪。同样，即使在广阔的海面上，短暂的大风也不会形成大浪。所以，波浪的大小不仅与风力大小有关，还与风速、水域的大小有关。

为什么把海峡称为“海上走廊”？

当你观看地图的时候，不难发现，在两个相邻的海域中，往往有一处狭长的水道。这些水道有什么作用，它们又叫什么名字呢？

原来，海洋中连接两个相邻海域的狭窄水道叫海峡。海峡是地壳运动的产物。地壳运动时，临近海洋的陆地断裂下沉，出现一片凹陷的深沟，

海水涌进，把大陆与邻近的海岛以及相邻的两块大陆分开，被海水填充的凹陷的深沟就形成了海峡。

通过海峡的水流往往比较湍急，上层与下层的温度、盐度、水色及透明度都有很大的差别。海峡底部多为岩石和砂砾，几乎没有细小的沉积物。

在世界上有许多著名的海峡，它们不仅是交通要道、航运枢纽，还是兵家必争之地，具有很大的经济价值和战略意义。因此，人们常称它们为“海上走廊”“黄金水道”。

海洋中有黄金吗？

黄金，财富的象征。许多人趋之若鹜，希望能得到更多的黄金，但是地球上的黄金储量是有限的，现有的金矿早晚会被开采一空。而海洋中有着惊人的黄金储量，可以满足人类对黄金的需求。

世界海洋学家预言，海洋中含有数量惊人的黄金，是人类未来黄金的竞争主要市场。

那么，海洋里为什么会有那么多黄金呢？海洋里的黄金主要来源于以下几个方面。

第一，海洋地层中本身就蕴藏着大量的天然金沙，而通过河流进入海洋的含金矿沙数量也非常可观。

第二，每年掉进海里的宇宙陨石不计其数，而陨石中的含金量较高。地球存在几十亿年了，掉落海中的陨石数量之和也是个天文数字。

此外，海水中也含有溶解的黄金。据估计，在每吨海水中，黄金含量约 0.01 ~ 0.04 毫克。这也是人类加快对海洋研究步伐的原因之一。

所有的河流都流进大海吗？

在我国民间的俗语中，有“条条河流归大海”之说，意思是每条河流的最终归宿是大海。那么，这种民间说法是对的吗？

在地图上，你可以发现，一些蓝色的细线（一般代表水文地理信息）基本上都是通向大海的，但也有一些蓝色的线条没有汇入大海，而是消失在沙漠里，或者是注入一些内陆湖中。这种不通向海洋的河流的学名叫内流河，也叫内陆河。所以，“条条河流归大海”的民间俗语是不准确的，虽然大部分的河流都是注入海洋的，但是还有内流河是不与外界沟通的！

在我国西部地区就有很多不注入大海的内流河，例如，塔里木河、伊犁河、黑河等都是著名的内流河，其中，塔里木河还是世界上第五大内流河呢！

为什么我国西部的内流河如此之多？主要原因有两个。

第一，我国西部地区深入大陆腹地，距海较远，海洋的湿润空气很难到达这里，所以，空气中的水蒸气含量极小，很难具备降水的条件，因此我国西部地区降水量就小。地面上的水流就少，河流的水源自然就少。

幸好我国西部地区有许多高山，那里降雪较多。当夏季来临的时候冰雪融化，于是，冰山融水成为内陆河的主要水源。但是，冰山融水毕竟水量有限，山麓一带的灌溉还要用水，汇入河里的水就不多了。

第二，我国西部地区有很多大的盆地和山脉，盆地的地势比较低，河流只能在其中穿行，再加上山脉的阻挡，所以我国西部的内流河全都没有流入大海。

你知道世界上最大的洋是哪一个吗？

海洋是我们人类赖以生存的源泉，在地球上有四大洋：太平洋、大西洋、印度洋和北冰洋。那你知道这四个大洋中最大的洋是哪一个吗？告诉你吧，其中最大最深的洋就是太平洋。

太平洋位于亚洲、大洋洲、南极洲、南美洲和北美洲之间，是四个大洋中面积最大、深度最深，也是最古老的大洋，而且岛屿也最多，总共有

一万多个，因此还被称为“万岛世界”。它的面积占地球表面积的三分之一左右，占世界海洋面积的一半左右，就是把地球上的陆地全部加起来，也没有太平洋大。可见，太平洋还真是名副其实的大洋呀！

那你知道太平洋的名字是怎么来的吗？在 1519 年的 9 月，著名的航海家麦哲伦从西班牙出发，开始了人类历史上的第一次环球航行。经过一年多的时间，船队到达了南美洲的最南端。之后又经过一段时间的艰难航行，他们来到了一大片茫茫的海洋。当时，天气晴朗，海水舒缓平静，和以前的航行相比截然不同。麦哲伦看到后，非常高兴地说：“这里真是个太平之洋啊！”后来，人们就将这个大洋叫作太平洋了。

太平洋是国际交通贸易的重要通道，有很多条联系亚洲、大洋洲等大洲的重要海洋、航空线路。特别是太平洋东部的巴拿马运河和西南部的马六甲海峡，更是通往大西洋和印度洋的交通要道。

虽然太平洋的名字中有“太平”二字，但实际上，太平洋并不“太平”。在南北纬 40° 的地方，经常有海雾出现，这给船只航行带来了很大的麻烦。特别是南纬 40° 的地方，是有名的风浪险恶海区。这里经常出现强大的西风，被称为“四十度咆哮风带”。在夏、秋季节，菲律宾以东的海面，还经常出现热带风暴和台风，这样的天气常常会掀起惊涛骇浪。

此外，环太平洋地震带是一个经常发生地震和火山喷发的地区。太平洋东岸的美洲科迪勒拉山系和太平洋西边的花彩状群岛是世界上活火山活动最为剧烈的地区，因此这里有“太平洋火圈”之称。

但是，太平洋也给我们提供了很多宝贝，这里无论是海底植物还是鱼类，都要比其他大洋丰富得多。沿岸的秘鲁、日本等都有世界著名的渔场。此外，这里的矿产资源也非常丰富，近海大陆架中有石油、天然气等，而深海则有锰、镍等矿物。

世界上最小的大洋是哪一个呢?

位于地球最北端的北冰洋是世界上最小的大洋。它以北极为中心，被亚洲、欧洲和北美洲环抱，面积大约有1310万平方千米，还不到太平洋面积的十分之一。北冰洋的平均深度大约为1200米，最深的地方为南森海脊，也只有5400多米。因为它在四大洋中的地理位置最靠北端，而且该地区的气候寒冷，洋面上经常覆盖着一层冰层，因此被人们称为北冰洋。

北冰洋虽然是最小的大洋，但它可有很多“最”呢。北冰洋是世界上最浅的大洋、最冷的大洋，而且又是面积最小的大洋，还真的是一个名副其实的“小弟弟”呢!

北冰洋是世界上最寒冷的大洋，最低温度可达到零下三四十摄氏度，就是在暖季，温度也不超过十摄氏度。这是因为北冰洋大部分地区处于北极圈内，因此太阳辐射量很少，气温极低。北冰洋表层的冰体断裂后，会形成冰山和冰岛，而且浮冰还能漂浮到临近大西洋中，经常会给大西洋的航行带来很大的困难。

因为北冰洋气候寒冷，所以能在这里生长的植物很少。和其他几个大洋相比，无论是植物还是动物，无论是数量还是种类，北冰洋都是最少的。但并不等于这里寸草不生，没有任何生物。在北冰洋的海岛上，有一些地衣和苔藓等植物，在南部的一些岛屿上，有一些耐寒的草本植物和小灌木。这里还有著名的北极熊以及海象、海豹、北极狐等动物。

北冰洋所处的地理位置靠近北极，因此这里还有个奇特的现象，那就是极昼和极夜。这里一年的时间里，大约有一半的时间看不到阳光，只是漫长的黑夜；而另一半的时间则阳光普照，没有黑夜。

除了这特别的极昼和极夜外，北冰洋还有一个奇观，那就是极光。极光的种类很多，五彩斑斓，变化无穷，美丽无比。这些极光有的像在半空中舞动的彩条，有的像挂在半空的光幕；有的持续时间很长，可以在空中萦绕几个小时，而有的持续的时间极为短暂，在空中稍微露下脸就消失得无影无踪了。但是，无论是极昼、极夜，还是极光，都会引起人们无限的遐想。

你知道印度洋名字的由来吗？

在四大洋中，印度洋的面积位列第三，位于亚洲、非洲、大洋洲和南极洲之间。印度洋的全部水域都在东半球，南端敞开着，北端则封闭。印度洋大部分都处在热带和亚热带范围，所以它是一个热带的大洋。这里的气温比同纬度的太平洋和大西洋的温度都要高，所以印度洋也被称为“热带的洋”。那你知道印度洋的名字是怎么来的吗？

在古希腊，印度洋曾被称为“厄立特里亚海”，希腊文的意思是红色的海。

1497 年，葡萄牙航海家达·伽马在向东航行寻找印度的过程中，将所经过的洋面都称为印度洋，意思是通往印度的大洋。1515 年，欧洲地理学家舍纳尔在编绘地图的时候，将这片大洋改称为“东方的印度洋”。之所以加了“东方的”三个字，主要是站在欧洲人的角度看，它在大西洋的东面。1570 年，在奥尔太利乌斯编绘的世界地图集中，

将“东方的”三个字去掉了，直接命名为“印度洋”。后来，这个名字逐渐被人们接受，“印度洋”的名称就这样确定下来了。

印度洋的地理位置十分重要，向东可以通过马六甲海峡直接进入太平洋，向西南绕过好望角可以进入大西洋，向西北又可以通过红海、苏伊士运河进入地中海。因为中东地区盛产的石油需要通过印度洋的航线向外运输，因此印度洋航线在世界上也占有重要的地位。

此外，印度洋的石油资源也非常丰富，其中，波斯湾是世界海底石油最大的产区，沿岸的沙特阿拉伯、科威特更是世界上最著名的石油大国。

四大洋怎么还多出个“兄弟”呢？

在人们的印象中，地球上只有四大洋，岂不知在四大洋外，还有一个“南大洋”，这就是四大洋多出来的“兄弟”！

2000 年，人们将四大洋环绕南极大陆的海域称作“南大洋”，也有人管这片海域叫作“南冰洋”或“南极海”。如果加上这个新发现的“大洋”，地球上就有了“五大洋”。

南大洋所属海域具有南极大陆边缘海的性质，因此，人们在前期称之为“南极海”。但是，经过海洋科学家们的考察，“南极海”的海域里有不同于四大洋的洋流，于是国际水文组织将它确定为一个独立的大洋。

国际水文组织划定的南大洋，虽然面积只有 2000 多万平方千米，却不是五大洋中面积最小的。

南大洋有着巨大的南极环极流，主流是自西向东缓缓流动的西风漂流。南极环流的长度约为 21000 千米，堪称世界上最长的洋流。此外，南极洲常年被冰川所覆盖，这些冰川在三月份有 260 万平方千米，到九月份则达到 1880 万平方千米，是三月份的 7 倍多。

同时，南大洋磷虾资源丰富，蕴藏量保守估计为 10 亿吨，最高估计数为 50 亿吨，年捕获量可以达到 1 亿 ~ 1.5 亿吨。磷虾及其磷虾制品，可满足全球人的餐桌需求，甚至还有富余。

什么是岛屿？

如果你从航天飞机上俯瞰，就会发现，蔚蓝色的海面上星罗棋布地点缀着数不清的大大小小的岛屿。这些美丽的岛屿，像无数块形态各异的翡翠镶嵌在平静的海面上，那就让我们仔细研究研究这些“翡翠”吧！

岛屿是指四面都被水包围的小块陆地。从这个定义中，我们就能看出：一般岛屿的面积都不会太大。但是，在地球上有数不清的岛屿，这些岛屿加在一起，面积还是很大的，约占陆地总面积的6%。

世界地理研究学家们根据岛屿的起源，把岛屿分为大陆岛、火山岛、珊瑚岛和冲积岛四个类型，其中大陆岛的数量最多、面积也最大。

大陆岛是指接近大陆的部分陆地或已消失了的陆地残体。大陆岛的典型代表有我国的台湾岛、海南岛等；火山岛是由于海底火山喷发的作用形成的，同大陆没有“亲缘”关系，在三大洋中都能找到它们的踪迹；珊瑚岛是由造礁珊瑚遗骸组成的，这种岛屿主要分布在热带及亚热带水域，如澳大利亚的大堡礁、马尔代夫的岛屿等；冲积岛是指由于河流和海浪的堆积作用形成的岛屿，如我国的崇明岛。

值得一提的是，有的国家就坐落于岛屿之上，占据一个岛或者几个岛。近年来，由于全球变暖、海平面升高，有的岛屿国家有被淹没的危险，例如太平洋中的图瓦卢就有可能因海平面升高而“亡国”。所以，这些即将“入海”的国家正在积极地寻求对策，以保住自己的领土。

什么是海陆风？

当人们漫步在碧蓝的大海之滨时，会感受到海风迎面吹来。这样的风，多半是海陆风中的海风。那么，什么是海风呢？

海风是白天从海上吹向陆地的风，而陆风正好与此相反，是夜晚从陆地吹向海洋的风。海陆风就是海风和陆风的总称。在冬天，海风会给陆地送来暖意；夏天，海风会给人们带来凉爽。

海陆风具有明显的日变化特点：白天向陆，晚上向海，一般发生在天气晴好的情况下。

除此之外，海陆风还具有调节气候的作用。海风带来的水汽使陆地温度明显降低，可以起到调节陆地上气候的作用，这就是夏季海边感觉更凉爽的原因。

海雪是怎么回事?

海洋中也会下雪吗？这到底是怎么回事呢？原来，“海雪”是真实存在的。它是海洋表面落向海底的絮状物。

在海洋中，漂浮着大量生物死亡后分解的碎屑、排泄的粪便粒、入海河流携带的各种颗粒等。这些颗粒在海水中相互碰撞融合，变成了较大的颗粒，像滚雪球一样越滚越大，形成大块的絮状悬浮物。在

探照灯的照射下，大量的悬浮物会发出白色的光。加上海水的折射作用，在水中的物体看起来比实际的要大，这样海水中的悬浮物看上去就好像是雪花。这些“雪花”随着海波荡漾，一幅生动的雪花飞舞的海底奇观就展现在眼前了。

“海雪”漂荡在海水中，负责将自身携带的有机物从表层运送到深层的海水中。除此之外，“海雪”也影响了多种微量重金属的分布情况。

世界上最大的海是什么海呢?

全世界的大海中，哪个最大呢?恐怕这个问题要到澳大利亚寻找答案了。

珊瑚海是目前世界上最大的海。珊瑚海得名的原因是这片海域有大量的珊瑚礁。

珊瑚海南邻澳大利亚，东北面被伊里安岛、所罗门群岛所包围，总面积达 479 万平方千米，比世界上的第二大海阿拉伯海要大约四分之一，约是我国东海面积的 6 倍。

珊瑚海的海底地势东高西低，同时海底还有各种海盆、浅滩和山脉。平均水深 2394 米，最深的地方甚至超过了 9000 米。

珊瑚海中有很多海洋生物，而且里面的鱼类也非常特别。一般海洋中鱼类的颜色比较单调，但是珊瑚海中的许多鱼类的颜色非常绚丽多彩，而且还点缀着各种条纹，甚至还有一些鱼类长得奇形怪状，非常有意思呢！

你知道哪个海是世界上最小的海吗？

前面我们介绍了世界上最大的海——珊瑚海，那你肯定会联想到：世界上最小的海是哪个海呢？告诉你吧，那就是马尔马拉海。

马尔马拉海位于土耳其西部，面积只有大约 1.1 万平方千米。马尔马拉海呈椭圆形，如果在海上航行，完全可以清楚地看到两岸的风景。如果和最大的海——珊瑚海相比，400 多个马尔马拉海才能和珊瑚海一样大呢！如果把珊瑚海看成海中“巨人”的话，那马尔马拉海只能是海中的“小矮人”了。

马尔马拉海形成至今大约有 100 万年，所以它的地质年龄还比较年轻。在希腊语中，马尔马拉是大理石的意思，而海中最大的马尔马拉岛，就是因盛产大理石而得名。
马尔马拉海虽然是世界上最小的海，但是它的地位非常重要。自古以来，马尔马拉海就是黑海地区通向外海的要道，还是欧洲和亚洲的天然分界线，战略位置不言而喻。所以，马尔马拉海一直是兵家必争之地。

什么是海洋资源？

人类社会的发展，需要不断地开发和利用各种资源。当陆地资源逐渐枯竭时，人们便将目光转向了海洋。蔚蓝深邃的大海不但是生命的摇篮，而且蕴藏着丰富的资源。那么，什么是海洋资源呢？

所谓海洋资源，是指海洋水体以及海底、海岸能够给人类提供的可以利用的物质和能量，当然也包括海洋提供给人们生产、生活和娱乐的一切空间和设施设备等。

海洋不但美丽，而且富饶，所以海洋资源的种类也非常丰富，比如海洋生物资源、海底矿产资源、海水资源、海洋旅游资源等。这些海洋资源的储量也非常大，正因如此，海洋又被冠以很多美称，如“蓝色的煤海”“盐类的故乡”“能量的源泉”“娱乐的胜地”等。

你知道英吉利海峡隧道吗？

英吉利海峡隧道是 20 世纪最著名的工程之一，是人类工程史上一项伟大的业绩。要想了解英吉利海峡隧道，首先我们来看看什么是海底隧道。

所谓海底隧道，就是在海底铺设的通道，主要供车辆、行人等通过。海底隧道主要分为三部分：海底段、海岸段和引道。其中，最主要的部分是海底段，两端和海岸段连接，然后经过引道和地面的线路连接。现在，世界各地已经建成使用的海底隧道有二十几条，主要在日本、西欧和中国等地。

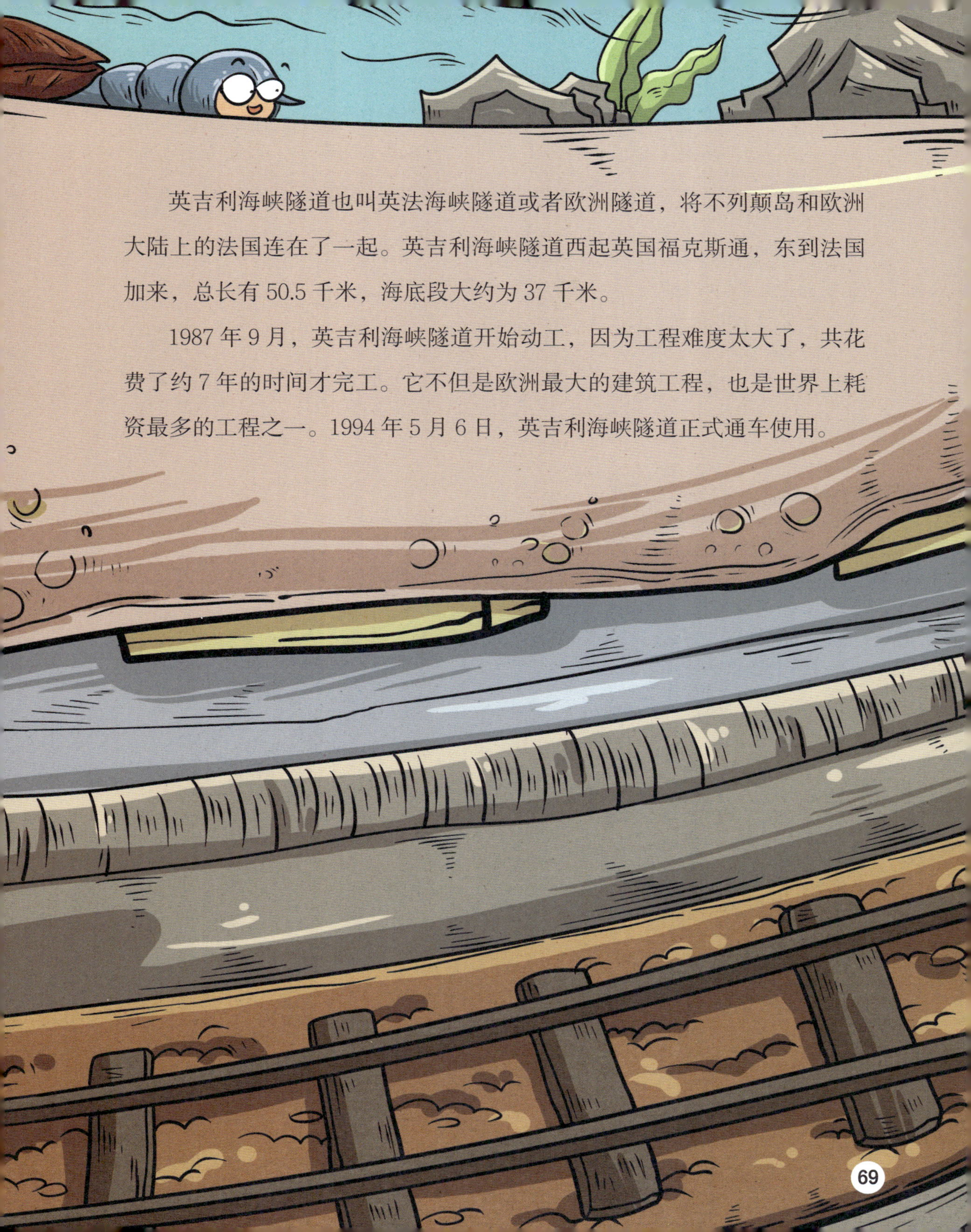

英吉利海峡隧道也叫英法海峡隧道或者欧洲隧道，将不列颠岛和欧洲大陆上的法国连在了一起。英吉利海峡隧道西起英国福克斯通，东到法国加来，总长有 50.5 千米，海底段大约为 37 千米。

1987 年 9 月，英吉利海峡隧道开始动工，因为工程难度太大了，共花费了约 7 年的时间才完工。它不但是欧洲最大的建筑工程，也是世界上耗资最多的工程之一。1994 年 5 月 6 日，英吉利海峡隧道正式通车使用。

为了让这条隧道更加安全，英吉利海峡隧道里面安装了大量先进的安全装置，有三套专门用于隧道运行管理的控制和信息交流系统。此外，自动灭火装置、防弹墙、防震系统、安全通道等，这里都一应俱全，甚至还有动物捕捉器，以防动物误闯入这里。

英吉利海峡隧道的建造，有利于海峡两岸经济、政治等方面的交流。而它的修建成功，也体现出人类对海洋的征服能力。看来，人类建设的脚步已经开始向深邃的海洋迈进了……

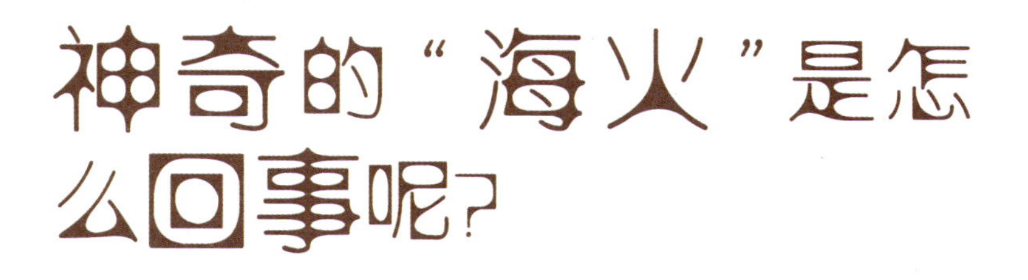

神奇的“海火”是怎么回事呢？

有句话叫“水火不相容”，可是，真的是这样吗？那些经常在大海上航行的人，就不相信这句话，因为他们经常在海面上看到“熊熊燃烧”的大火，也就是海火。大海中怎么会燃烧起大火呢？

曾有一艘轮船在黑夜时行驶在海面上，船员们发现前面有闪烁的亮光，美丽极了。可是，当他们航行到跟前，却发现那里根本没有港口，只有一些让人目眩的亮光在海面上闪烁，而鱼儿则欢快地簇拥在一起嬉戏着，一切都染上了神话般的光晕。人们把这种现象称为“海火”。

海火现象在我国也曾发生过。1975 年的一天傍晚，在江苏附近的海域，人们发现了奇异的亮光，看起来就像海上着火了一般。而且亮光还随着波浪的翻腾而跳跃着。天亮的时候，这种现象就消失了。可是第二天傍晚，这种亮光又出现了，而且比第一天的更加光亮。在这之后，一直持续到第七天，海面上连续出现火光。特别是第七天，海面上还出现了很多泡沫，可几个小时后，这里就发生了地震。

在世界上的其他地方，也都出现过海火现象。那海火究竟是怎么回事呢？它是怎么产生的呢？

很多科学家认为，海火是海洋中那些发光的动物因为受到某种惊扰而发光导致的。在海洋中，的确有很多会发光的动物，比如我们常见的甲藻以及水母、放射虫、水螅等。另外还有一些特别的鱼类，也会发光。不同的生物，发光器也不同，有的长着一根像灯泡中钨丝一样的小管子，有的可以发出不同颜色的光。这些发光的动物在受到地震或者海啸的剧烈震荡时，就会受到刺激，发出异常的亮光。但是，也有一些科学家不赞同这个观点，因为海上经常出现大风大浪的天气，海水也同样会受到激烈的震荡，那为什么不会发生海火呢？

还有一种说法叫“岩石爆裂说”。持有这个观点的科学家认为，在海底发生地震时，海底的岩石就会爆发性地碎裂，激发海水发出神秘而又耀眼的亮光。

至于这海火到底是海洋中的发光生物引起的，还是海底地震时岩石碎裂引起的，目前还没有科学的论断。但是，海火是真实存在的。虽然海火有时会给航行带来一定的麻烦，但有时也可以被利用，比如：海火可以帮助航行人员识别方向；如果海火频繁出现，而且特别耀眼，就说明有可能发生地震和海啸，提醒人们做好准备。现在，我们只能期待着科技进一步发展，早日为我们解开海火之谜。

地中海的地理位置真的很特殊吗？

通过前面的介绍，我们知道海是洋的边缘部分，根据所处的位置不同，海可分为边缘海、陆间海和内陆海。这里我们要介绍的地中海是位于欧洲、亚洲和非洲大陆之间的海，也是世界上最大的陆间海。

地中海东西长约 4000 千米，南北最宽处约 1800 千米，面积则超过 250 万平方千米。地中海也比较深，平均深度为 1450 多米，这在海中并不多见。希腊南面的爱奥尼亚海盆是地中海的最深处，可达 5000 多米。

地中海是世界上最古老的海之一，其年龄比大西洋还要古老。从古至今，地中海就是交通贸易的通道，也是古希腊文明、古罗马文明等的摇篮。地中海西部通过直布罗陀海峡与大西洋相接，东部则和马尔马拉海相连。后来苏伊士运河开通后，地中海又和红海相接。再加上地中海海岸线曲折，岛屿众多，有很多天然的优良港口。可以说地中海的地理位置非常独特，不但是连接欧、亚、非三大洲的枢纽，更是大西洋和印度洋之间往来的捷径。因此，从很早开始，在地中海一带，战争就很少停止过。后来，地中海沿岸的国家为了保护本国的主权和安全，提出了“地中海是地中海沿岸国家的地中海”，要求其他国家将舰队和军事基地全部撤离出去。

地中海的气候比较独特，夏季干热少雨，冬季则温暖湿润。海水的温度比较高，所以蒸发量也很大，甚至超过了河流和雨水的补给。所以，地中海的含盐量也非常高，成了著名的晒盐场所。看到这里，你可能会担心了：如果这样下去，那地中海是不是将有一天会干涸呀？告诉你吧，地中海是不会干涸的。因为在地中海和大西洋之间有海流存在，大西洋的海水盐度低，会经过直布罗陀海峡流入地中海。而地中海的盐度高，海水会从海峡的下部流进大西洋。大西洋的面积是非常大的，水量充足，所以灌进地中海的水就多，高达 7000 多立方米每秒。正因为如此，地中海才不会干涸。

地中海历史悠久，风景优美，海上贸易发达，是世界上海上交通最繁忙的水域。据统计，每天有 2000 多艘货船从这里经过。但是现在，这片美丽而繁忙的水域的污染越来越严重了。最严重的是，沿岸国家的几十个石油港口在装卸石油时，又给地中海带来了严重的石油污染。海底的垃圾更是众多，比如牙刷、刀叉、塑料瓶等。原来蔚蓝的大海，现在已经变成世界上最脏的海之一了。所以，拯救地中海刻不容缓。

红海的海水是红色的吗?

世界上的海有很多，但是用颜色命名的并不多，著名的红海是少数以颜色命名的大海之一。那红海的海水真的是红色的吗?

红海位于亚洲和非洲之间，是印度洋的边缘海，就像一条张着血盆大口的鳄鱼，斜卧在阿拉伯半岛和非洲北部之间。

红海一直是世界上非常出名的海滨休闲胜地之一，每年都会吸引大量的游客来这里度假。红海的海水不但清澈，而且水温适中，非常适合游泳、洗浴。

这里最为吸引人的，还是海水的颜色。海水颜色可以说是非常特别的，一般的时候是蓝绿色的，有的时候却会呈现红色。这是为什么呢？

原来，红海地处气候炎热干燥地区，海水蒸发得很快，结果便导致红海海水的含盐量大，水温高，而这又为蓝藻的大量繁殖创造了条件。实际上，蓝藻的颜色并不全是蓝色的，红海中的蓝藻含有藻红素，时间长了，红海就仿佛披上了一件漂亮的红色外衣，呈现出一片红色。

此外，红海地区经常出现来自非洲撒哈拉沙漠的红色沙尘暴。每当狂风卷起阵阵红色沙尘时，红海的上空就会出现一片红色，而海中则会出现被大风掀起的红色海浪。天空、海浪，再加上岸边的红色岩壁，这里的一切都笼罩在亮丽的红色帷幕中，于是就形成了美丽而奇特的红海景色。

正因为这种种原因，人们给它起了“红海”这个美称。闪光的沙滩、美丽的珊瑚、丰富的海洋生物，躺在柔软的沙滩上，沐浴在阳光下，这真的是一件非常惬意的事情呀！

黑海的海水是黑色的吗？

了解了红海，我们再来看看黑海吧。这黑海的名字是不是更奇怪，难道整个黑海的海水都是黑压压一片吗？别着急，我们一起来了解一下。

黑海位于罗马尼亚、土耳其、乌克兰等国家之间，是欧洲东南部和亚洲之间典型的内陆海。四周有多瑙河、德涅斯特河等，盐度很低。那黑海的海水是不是黑色的呢？

据说在古代，黑海两岸的古希腊人在确定东、南、西、北四个方向时，用四个颜色来代表。北方就是黑色，所以他们把北边的海称为黑海。后来，航海家在航海时，发现黑海海水的颜色比地中海的颜色要深，于是黑海海水的颜色逐渐引起了人们的兴趣。

一般情况下，黑海的海水会呈现蓝色。但是，一到阴天，海水就变得暗淡起来。原来，黑海有个其他大海所没有的特点，就是黑海是古地中海的一个孤立的海盆，其上层的海水和下层的海水不能形成上下对流交换，由于和外界隔绝，深层海水中缺乏氧气，就像一潭死水。结果，海底的有机物质因为缺氧便淤积成黑泥。一旦遇到风暴天气，乌云翻滚，海上的大风将海底的淤泥翻卷上来，将海水搅浑，海水便被染成了黑色。

此外，由于地质等原因，黑海几乎与外界海域隔绝，这样，除了蒸发外，几乎没有其他水分流出的方法。而海水中大量的硫化氢会导致其中的鱼类和贝类无法生活，这样，黑海底部堆积的腐殖质就会越来越多。也正是这个原因，黑海深处几乎没有生物存在。

通过上面的介绍，我们就可以知道，其实黑海的海水并不是黑色的，在天气晴朗的时候，黑海的海水是清澈的，只不过是在阴天的时候，海水底部的淤泥将海水衬托成了黑色。

鲸是鱼吗?

很多人都将鲸称为鲸鱼，实际上这种叫法是不正确的。因为鲸并不属于鱼类。鲸是一种哺乳动物。从表面来看，鲸和鱼类长得非常相似，体形呈流线型，很适合游泳，但这样的相似只不过是一种趋同进化的现象。两者更为重要的区别是，鲸是用肺部呼吸的，而鱼类则是用鳃呼吸的。

鲸的种类非常多，大体上分为两大类：齿鲸类和须鲸类。齿鲸类长有牙齿，但没有鲸须，有一个鼻孔，还有回声定位的能力，比如虎鲸、抹香鲸等；而须鲸类最为突出的特点就是长有鲸须，比如长须鲸、蓝鲸、座头鲸等。

大多数鲸喜欢在海中群居生活，每当呼吸的时候，就要游到海面上，利用头上的喷水孔呼吸。呼气的时候，空气中的湿气会凝结，形成很壮观的喷泉柱。不同种类的鲸所喷出的喷泉柱是不同的，所以，一些研究鲸的专家经常从喷泉柱的高度、宽度等来辨别鲸的种类。

在海洋食物链中，经常是大鱼吃小鱼，小鱼吃虾米。那庞大的鲸吃的鱼也一定很大吧？这你可就猜错了。大部分须鲸的食物只是一些海藻、浮游生物等微型生物。每次进食时，鲸就会迅速转身，这样海水就会搅动起来，形成一个旋涡，于是成吨的浮游植物等就会被赶到海水中间，利用这个机会，鲸会张开大口，将大量的海水吞到口中，然后将海水过滤出去，口中便留下了那美味的浮游生物等。怎么样，须鲸的这种吃法是不是很有意思呀？

鲸的经济价值巨大，自古以来，鲸就一直是人类的捕杀对象。在以前，因为捕猎的手段非常落后，人们能够捕到的鲸很少，所以，鲸的数量不受影响。但近代开始，随着科技的进步，人们便利用舰船和火炮对鲸大量捕杀，鲸的数量急剧减少，很多种类已经濒临灭绝。另外，鲸的繁殖能力也很差。因此，如果人们再不提高认识，不对鲸采取一定的保护措施，我们很可能就再也见不到这种美丽的动物了！

你知道海洋中的大力士是谁吗？

在鲸类中，蓝鲸可以说是最大的了。蓝鲸的体长可以达到33米，重达150多吨，全身都是灰蓝色的，胸部长有白斑，鳍很短，没有牙齿。蓝鲸的头也特别大，据说，蓝鲸的舌头上能够站下50个人。此外，蓝鲸的心脏大得更是让人吃惊，差不多有一辆小汽车那么大。仅仅是它的动脉，一个婴儿都可以畅通无阻地爬过。

此外，蓝鲸的力量也大得惊人，可以说是动物王国中当之无愧的大力士。

说到蓝鲸没有牙齿，好奇的你肯定会发出疑问：它没有牙齿，那怎么吃东西呢？因为蓝鲸属于须鲸类，在它的颌部，长有数百条鲸须，这些鲸须就起着和牙齿一样的作用，而且还有过滤的功能。蓝鲸的嘴巴很大，可以将一条小船吞下去，每次要吃掉几吨的食物。

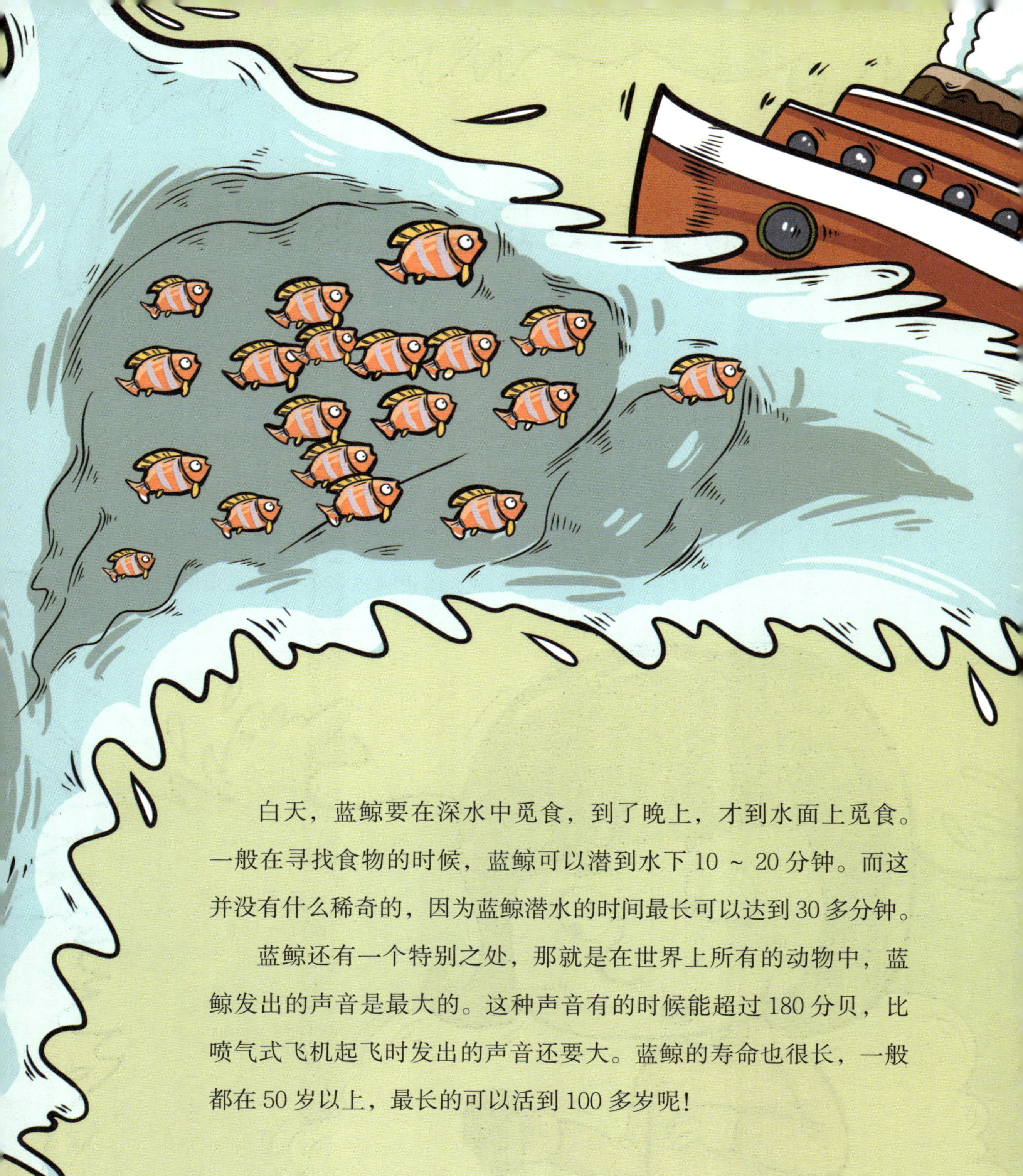

白天，蓝鲸要在深水中觅食，到了晚上，才到水面上觅食。一般在寻找食物的时候，蓝鲸可以潜到水下 10 ~ 20 分钟。而这并没有什么稀奇的，因为蓝鲸潜水的时间最长可以达到 30 多分钟。

蓝鲸还有一个特别之处，那就是在世界上所有的动物中，蓝鲸发出的声音是最大的。这种声音有的时候能超过 180 分贝，比喷气式飞机起飞时发出的声音还要大。蓝鲸的寿命也很长，一般都在 50 岁以上，最长的可以活到 100 多岁呢！

鲎的血液怎么是蓝色的呢?

在动物界中，绝大部分动物的血液是红色的，但是在海洋动物中，有一种动物的血液却呈蓝色。这就是鲎（hòu）。

在我国，鲎主要分布于南方的沿海区域。鲎是一种相貌奇特的海洋动物，全身披着坚硬的马蹄形的甲壳，就像是一个脸盆倒扣在身上。头和胸部比较大，腹部则比较短，尾端则是一根可以自由活动的三角棱柱形的剑尾。这条剑尾可有多种用途，不但是鲎用来保护自己的武器，也是航行时

的舵，而且还是翻身时必须用到的工具。当鲎仰卧的时候，只要剑尾用力一蹬，鲎就能灵活地翻转过来了。

鲎的身体上最为奇特的地方是它的眼睛。鲎有两对眼睛，生长在隆起的壳盖上，长在中间的一对非常小，而长在两侧的一对则比较大。因为这两对特殊的眼睛，科学家还根据其复眼的侧抑制原理制成了鲎眼电子模型，广泛应用在电视图像的发送中，使得电视图像更加清晰了。

鲎最最奇特的地方还是它身体中流淌着的蓝色血液。这是为什么呢？原来，鲎是一种比较原始的动物，只有一种能够输送血液的低级原始细

胞，其血液中没有红细胞、白细胞和血小板，只有很少的铜元素，因此血液呈蓝色。我们人类等哺乳动物的血液中有大量的红细胞，可以输送氧气，然后将二氧化碳排出体外，而白细胞又能阻挡侵入身体的各种细菌。但鲎的血液中没有这些，因此一旦有细菌袭击，鲎就会容易死亡。所以，鲎的生命是非常脆弱的。

虽然鲎的长相非常奇特，但它的家族可是很有来历的。研究发现，鲎和三叶虫一样，是非常古老的节肢动物。现在三叶虫已经灭绝了，但鲎依旧顽强地在海洋中生活。早在四亿多年前，鲎的家族就存在于海洋世界中了，所以，可以称其为节肢动物中的“活化石”。鲎一直保持着最为原始的相貌，有点像虾，又有点像蟹，因此又被人们称为“马蹄蟹”。

鲎一生只会找一个伴侣，如果伴侣死了，另一个也绝不会再重新找一个。当渔民捉到一只公鲎时，会发现它紧紧地抱住母鲎不松开，而母鲎也不愿意弃夫逃走，所以鲎每次都是成双成对地出现在人们的面前。因此，它们还被誉为“海底鸳鸯”。

鲎还是一种宝贵的资源，除了鲎的复眼原理被人类利用外，鲎的血液也对医学有巨大的帮助。在它的蓝色血液中，可以提取一种试剂，这种试剂可以快速地检测出人体内部组织是否因感染而致病，能给医生判断病因提供非常大的帮助；在食品工业中，还可以用它对毒素污染进行检测。所以，鲎真是一种神奇的生物呢！

飞鱼岛国上都是飞鱼吗?

大家看到飞鱼这个名字一定非常奇怪，鱼类怎么也长了翅膀，怎么会飞呢？原来，这种飞鱼的胸鳍特别发达，就像鸟类的翅膀一样。它的前行速度也非常快，还能在空中停留数秒的时间。但实际上，飞鱼并不是在飞翔，而是在滑翔。

那这个飞鱼岛国又是怎么回事呢？难道在一个岛上真的都是飞鱼吗？

这个飞鱼岛国就是巴巴多斯，位于加勒比海东岸。这里以盛产飞鱼而远近闻名。整个岛上飞鱼达上百种。飞鱼有大有小，大的大约有两米长，小的只有成人的巴掌大小。

飞鱼不但是巴巴多斯的特产，更是这个美丽岛国的象征。在岛上的很多娱乐场所以及旅游设施等，都是以“飞鱼”的名字命名的，而用飞鱼为原料制成的菜肴更是美味无比。

站在岛上，就能不时地看到飞鱼破浪而出，在海面上腾空而起，形成一条条美丽的抛物线，非常壮观。由此可见，巴巴多斯真的是名不虚传的“飞鱼岛国”呀！

海洋中怎么也有“渔翁”呢?

人会钓鱼，这没有什么好奇怪的，但要是告诉你鱼也能钓鱼，你是不是觉得有些不可思议呢？其实，在海洋中，有很多这样的“渔翁”，它们的钓竿虽然各不相同，但都能钓上自己喜欢的鱼来。鮟鱇鱼就是这些“渔翁”中的一员。

鮟鱇鱼也叫老头鱼，因为它发出的声音特别像老人的咳嗽声。鮟鱇鱼的身体圆圆的，脑袋大大的，一对眼睛向外鼓出，一张血盆大口，里面是又尖又长的牙齿。哇，鮟鱇鱼简直就是海洋中的一个怪兽呀！

鮟鱇鱼会伪装。当捕食猎物时，在漆黑的海底，只见鮟鱇鱼身披条纹、色彩绚丽，不停地摇摆着以引诱猎物上钩。许多鮟鱇鱼能在几分钟内变换体色，和周围的环境融为一体。怎么样，是不是很厉害呀！

其实，鮟鱇鱼更厉害的本领是它会钓鱼。在它的头部的前端有一个像鱼竿的结构。在背鳍上，长着三根骨质的弹性触须，后两根的上端是尖尖的，前一根的末端有一个肉质的突起。可千万别小看这个突起，它可是鮟鱇鱼能钓到鱼的关键所在，就是钓鱼的“鱼饵”！但是，并不是所有的鮟鱇鱼都有这种“钓鱼竿”，这可是雌性鮟鱇鱼特有的哟！

鮟鱇鱼在钓鱼的时候，总是隐藏在沙质的海底或者岩礁上，等待猎物出现。它会不停地摇动“鱼饵”，并且不断地发出亮光。一些小鱼看到后，就会被吸引过来。这个时候，鮟鱇鱼就把“鱼竿”向后面轻轻一甩，用它那强有力的大颌一口将猎物吞到肚子里。鮟鱇鱼的捕鱼速度特别快，往往猎物还不知道怎么回事的情况下，就成了鮟鱇鱼的美餐了。

但是，一旦遇到大的、凶猛的鱼类，鮟鱇鱼就不敢和它作战了。它会迅速地将“鱼饵”塞到嘴里，趁着海底的黑暗就逃之夭夭了。

更为有趣的是鮟鱇鱼的“婚配”。为了活命，雄性鮟鱇鱼要寄生在雌性鮟鱇鱼身上，否则就会被饿死。但雄性鮟鱇鱼和雌性鮟鱇鱼在身体上相差太悬殊了。雌性鮟鱇鱼的体形大约是雄性的 10 倍。这种“巨人”和“侏儒”的结合，在海洋世界中也不能不说是一个奇观了。

海兔长什么样？

“小白兔，白又白，两只耳朵竖起来……”相信这首儿歌大家在很小的时候就会唱了。小白兔那雪白的绒毛，长长的耳朵，红红的眼睛，真是可爱极了。海兔是生活在海洋中的，也和我们见过的兔子一样可爱吗？

虽然海兔的名字中有个“兔”字，但实际上，它和我们见过的陆地上的小白兔一点儿都不一样，甚至和兔子没有任何关系。海兔是一种软体动

物，和蜗牛属于同一类。海兔的头上长着两对触角，前面一对比较短，主要起着触觉的作用；后面一对稍微长一些，起着嗅觉的作用。因为这两对触角外形酷似兔子的两只耳朵，因此被人们称为“海兔”。海兔有一个非常特别的地方，就是它的肛门长在身体背部的中央，而且一律朝上开放，这在动物界中可以说是独树一帜了。

海兔在休息时，后面的那一对触角会并拢着，笔直向上，而在海底爬行时，这对触角就会分开，成一个“八”字形向前斜伸，闻着四周的气味。休息的时候，它的足还会向上翻起，将身体包住。

海兔主要的食物是海洋中的各种藻类，它有时也会吃一些小型的甲壳类动物。你可千万别小瞧这弱小的海兔，它的本领可是非常强大的，尤其是“拟色”本领。它吃什么颜色的海藻就会变成什么颜色的，比如吃下红色的海藻，海兔的体色就会变成玫瑰红色；如果吃了墨角藻，体色就会变成棕绿色。

此外，海兔还有一套独特的防御本领，就是放毒和“烟雾弹”。海兔的体内有两种腺体：一种叫“蛋白腺”，里面含有毒素，每当碰到强大的敌人时，就会释放出一种难闻的酸性乳状汁液，敌人会闻味丧胆，落荒而逃。另一种腺体叫“紫色腺”，储存在外套膜边缘的下方。如果遇到敌害，

海兔就会拿出它的看家本领，释放出紫色的“烟雾弹”作掩护，周围的海水被染成了紫色，模糊了敌人的视线，海兔就能趁此机会逃生了。看来，海兔的逃生手段还真是高明啊！

海兔的种类很多，常见的有黑指纹海兔、蓝斑背肛海兔等。有一种红海兔，外表的颜色呈宝石红色。这种海兔非常有趣，在水中游动的姿势就像蝴蝶飞舞一样，上下起伏，成为一抹亮丽的风景。

海葵是海洋中的葵花吗？

在海底的水洼和石缝中，生长着一种艳丽的“鲜花”，可爱极了。那或洁白或鲜红的“花瓣”，真是令人赞叹不已。实际上，这可不是什么鲜花，而是一种以捕食海洋生物为食的食肉动物，它的名字叫海葵。

海葵和我们吃过的海蜇是近亲，身体呈圆柱形，没有骨骼，从远处看，就像是盛开的葵花一样，因此得名。海葵和海绵一样，是海洋中少数

不能行走的动物之一，只能固定地待在海底。当它被触碰时，会迅速地吐出一股清水，然后将“花瓣”收回，缩成一团。这时，那五颜六色的、一片片“花瓣”又像含苞待放的菊花一样，因此海葵又有“海菊花”的美称。

海葵不但美丽如花，而且还是海洋中高超的猎手。它的有力武器就是那鲜艳的、貌似花瓣的触手。触手上长有很多倒钩刺，一旦小动物碰到它的触手，触手就会射出一根根有毒的刺丝，可以刺穿对方的身体。在海葵的体壁和触手上都有刺细胞，能分泌很多毒液。假如看到有小鱼儿游过

来，它会假装友好地向其打招呼，等它们上钩。海葵一般不会主动去攻击小鱼，但一旦有猎物碰到其触角，那么就别想逃走了，只能乖乖地成为它的美餐了。所以，对一些小鱼来说，海葵可是名副其实的美丽的陷阱啊！

但海葵并不是所有的小鱼虾都吃，它有两个非常要好的朋友。一个是小丑鱼，也叫海葵鱼，小丑鱼总是在海葵的触手边游来游去，帮助海葵引诱其他的小鱼，直到海葵将这些猎物抓住，等海葵吃完后，小丑鱼也能获得一点残渣食用。那小丑鱼为什么不怕海葵的触角？因为小丑鱼的身上会分泌出一种黏液，保护自己，因此它就能在海葵的触角周围自由地游来游去。

另外一个好朋友就是被称为“白住房”的寄居蟹。因为海葵不能活动，因此总是饥一顿饱一顿的，但是附着在寄居蟹身上就不同了。寄居蟹随着身体的长大，会每隔一段时间离开螺壳，到更大的其他的动物的“家”中，这样海葵也被带着到处行走，扩大了觅食的范围。一旦有动物靠近它们，海葵会用那有毒的触手去攻击，这样，海葵也成了寄居蟹很好的保护者。此外，海葵触角上留下的残渣，也就成为寄居蟹的食物了。看来，它们还真是互帮互助的好朋友呀！

再告诉大家一个秘密，在海洋中，海葵可是寿命相当长的动物哟！其寿命甚至超过了海龟、珊瑚等动物，所以还被称为“百岁寿星”呢！

海中也有人参吗?

人参，被称为“百草之王”，在海洋中，有一种被称为海参的东西。海参和人参可不一样，它是一种海洋动物。

可能有的人在水族馆中见过海参。它的身体长长的，呈圆筒状，而且身上还长着肉刺，肉多且肥厚，因此，又被人们形象地称为“海黄瓜”。

可是，你可千万别小瞧它，虽然它长相很丑陋，但它的生存历史可是非常悠久的，它的祖先比最原始的鱼类出现的时间还要早呢!

海参没有眼睛，也不会游泳，更没有什么能够让敌人害怕的有力武器，但是海参还是在弱肉强食的海洋世界中存活了下来。

海上涌起的海浪会将海参无情地卷走，但你不要担心，因为海参具有预测天气的本领。每当风暴来袭之前，海参就能够提前预知，便会躲到石缝中隐藏起来。这一点也帮助了渔民，渔民假如看不到海参的身影，就知道风暴要来了，于是就赶紧收网返航。

假如遇到强敌，比如鱼类、螃蟹等，海参就会急剧收缩身体，迅速地将又长又黏的肠子以及像树枝一样的水肺全都从肛门中喷发出来，让强敌饱餐。趁这个机会，海参就快速地逃跑了。有些海参还能从肛门中排放出一种毒素来对付敌人。

那海参把内脏吐出来后不会死吗？答案是不会，只要经过一段时间的调整，一副新的内脏就会长出来。海参的再生能力十分惊人，假如将海参切成两段，在适宜的水温、水质等条件下，很有可能形成两个完整的个体。

此外，海参还会随着居住环境的改变不断地变化体色，这样也能有效地躲避天敌的伤害。怎么样，海参的这些超强的本领是不是很让人惊叹呀！

珊瑚是动物还是植物?

在美丽的海洋中，各种不同颜色的珊瑚随波荡漾，红的像火，白的像云，黄的像菊，姹紫嫣红，千姿百态。珊瑚和金银、翡翠等一样，是我国的七宝之一。那这像花一样色彩绚丽的珊瑚到底是动物还是植物呢?

美丽的珊瑚丛看起来像灌木丛一样，里面还栖息着很多鱼虾之类的海洋生物。人们便误以为珊瑚和海藻一样，都是植物。可实际上，珊瑚是由珊瑚虫分泌的石灰质骨骼组成的。珊瑚虫是一种刺胞动物，水母和它亲缘关系很近，都是海洋中的一种动物。

虽然珊瑚虫是一种动物，但并不像其他动物那样会到处游动，只有珊瑚虫的幼虫才能够自由流动，成虫则固定在海洋底部。

既然是动物，就要吃某些食物来维持生长，那珊瑚虫以什么为食物呢？珊瑚虫主要靠捕捉海洋中的一些浮游生物来维持生命。可是，珊瑚虫固定在海底，它该怎么去捕食呢？

它的秘密武器就在珊瑚虫的口的部分。仔细观察就会发现，珊瑚虫的口部周围有被称为“触手”的指状物,“触手”里面有毒针，在这些“触手”以及消化腔中都有刺丝囊。刺丝囊中的细丝就像投射的鱼镖一样，刺到游

到它身边的浮游生物，分泌出的毒液会将这些浮游生物麻醉或者致死。珊瑚虫用这些“触手”将捕捉到的食物送到口中，再逐渐消化。

告诉大家，珊瑚虫还有一个好朋友，就是虫黄藻。因为珊瑚虫在代谢过程中要排放大量的二氧化碳，反而会抑制珊瑚虫的生长，而虫黄藻则能利用珊瑚虫吐出的二氧化碳，再利用太阳光进行光合作用，制造营养，而这些营养又加速了珊瑚虫的骨骼的生长。于是，珊瑚虫和虫黄藻经常生活在一起，相互帮助。在珊瑚生长的地方，也居住着大量的虫黄藻。

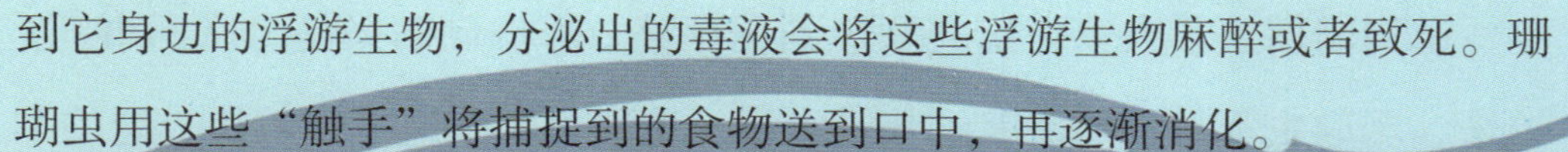

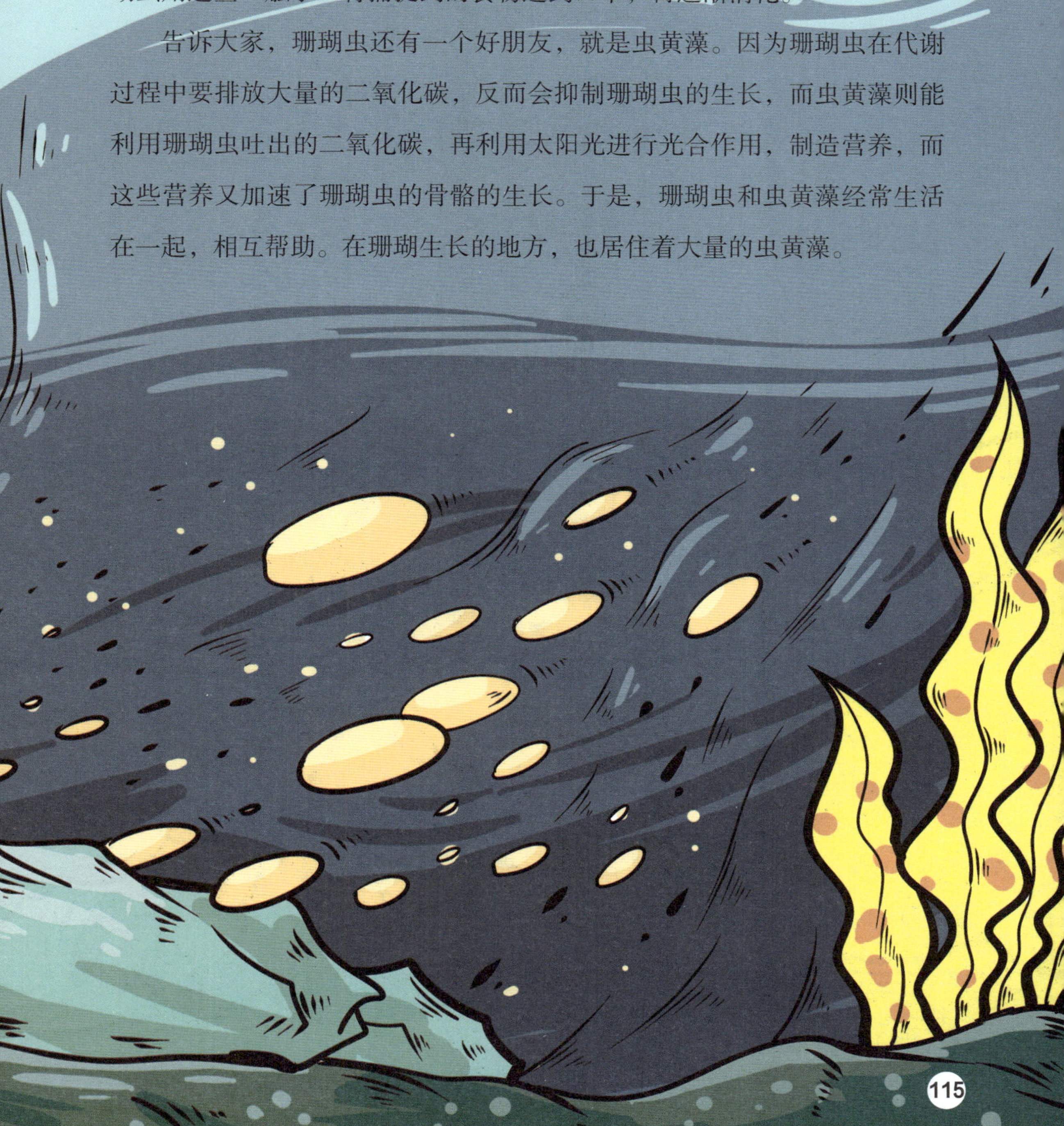

说到珊瑚虫，大家肯定会联想到珊瑚礁。那珊瑚礁又是怎么回事呢？原来，珊瑚虫都是群居的，在热带海域，珊瑚虫繁殖速度比较快，老的不断死去，新的不断成长。死去的珊瑚虫遗留下来的骨骼不断地堆积，经过长时间的积累，珊瑚骨骼就形成了硕大的珊瑚礁和珊瑚岛了。

虽然现在我们认定了珊瑚虫是一种动物，但有人乍看到珊瑚虫时，还会认为它是一种植物，仿佛是海底森林。其实，在海洋中，像这种貌似植物却不会游泳的动物还是很多的。因为动物不一定非要会动，植物也不一定非要不动。

海啸是怎么回事？

风和日丽的时候，大海上呈现的是一片宁静而美好的景象。但是大海发怒的时候则是非常可怕的，因为它会给我们带来可怕的大海啸。

相信2004年12月26日发生的印度洋海啸，至今还让很多人难以忘记。这次海啸不但造成了不可估量的财产损失，更导致数十万人失去了宝贵的生命。那海啸是怎么回事呢？它为什么有那么大的威力呢？

海啸也被称为“地震波浪”，主要是海底地震、火山爆发、海岸和海底发生滑坡、台风等原因引起的海上巨浪。海啸的主要特点是：周期为数分钟或者数十分钟；释放的能量大，水越深，传播速度越快。由于引起海啸的因素不同，因此海啸的种类也不同，主要分为地震海啸和风暴海啸。

地震海啸主要是由海底地震、火山爆发等引起的。当海底爆发地震，引发海底地层突然断开时，就会导致一部分地层下沉，一部分地层上升，这样整个海洋平面都会发生剧烈的抖动，造成海水异常波动。海水到达浅水区后，一旦遭遇海岸的阻挡，就会咆哮而起，使得海水瞬间涨高，就像

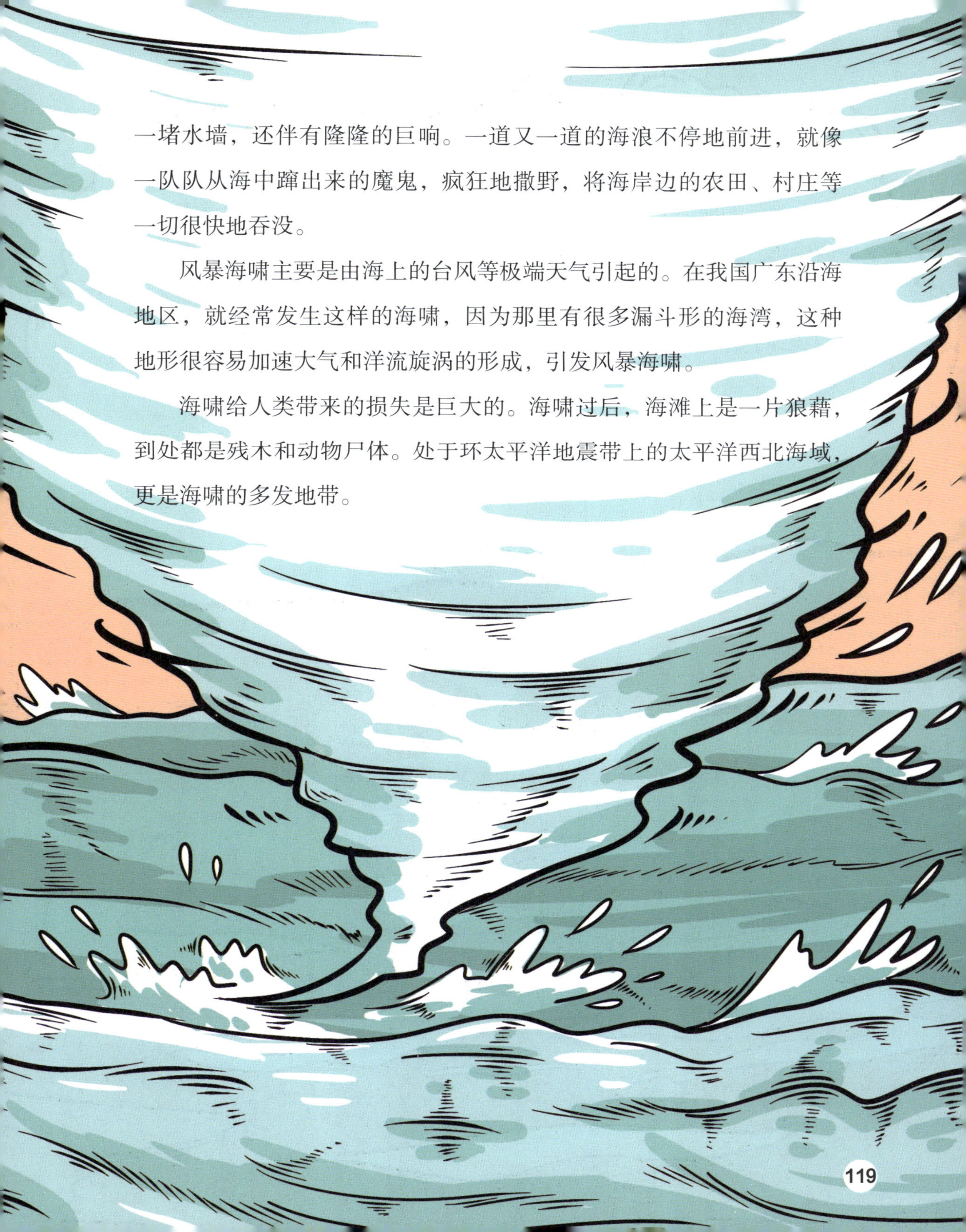

一堵水墙，还伴有隆隆的巨响。一道又一道的海浪不停地前进，就像一队队从海中蹿出来的魔鬼，疯狂地撒野，将海岸边的农田、村庄等一切很快地吞没。

风暴海啸主要是由海上的台风等极端天气引起的。在我国广东沿海地区，就经常发生这样的海啸，因为那里有很多漏斗形的海湾，这种地形很容易加速大气和洋流旋涡的形成，引发风暴海啸。

海啸给人类带来的损失是巨大的。海啸过后，海滩上是一片狼藉，到处都是残木和动物尸体。处于环太平洋地震带上的太平洋西北海域，更是海啸的多发地带。

通过上面的介绍，我们知道，海啸的发生会给人类带来巨大的灾难。到目前为止，人们还无法阻止它的发生，只能通过预测、观察的方法来减少它造成的损失。当海啸来临时，大海会有异常的表现，比如岸边的海水会突然增高，鱼儿会争抢着游向岸边。海啸虽然可怕，但是，科技是不断向前发展的，相信人类对海啸的预测会越来越有把握的！

赤潮是怎么形成的？

你见过赤潮吗？当赤潮来临时，海面就像铺上了一层红毡子似的，看上去真是美丽极了。殊不知，在这种美丽的外表下面，可能正孕育着一场非常可怕的灾难。或许在不久之后，就将会有大片大片的鱼虾尸体浮上海面。赤潮是海洋中可怕的杀手，有“红色幽灵”之称。那么赤潮是怎么形成的呢？为什么会带来这么严重的灾难呢？

赤潮又被称为红潮、有害藻华，是海洋中出现的一种异常现象。当海水中的有机物和营养盐过多的时候，就会引发赤潮。

大家都知道，城市中每天都会向河流排放大量的污水和废水，这些水中含有大量的有机物，而农田中的土壤里含有化肥成分，经过雨水的冲刷，土壤中的化肥物质同样也会源源不断地流入河流，最终又注入大海。这些含有大量氮、磷等营养物质的水如果适量，可能会给海洋渔业带来一定的好处，但是一旦这些营养物质过多，就会导致海洋中浮游植物、细菌爆发性地繁殖或者高度聚集，从而引起海水变色，于是就形成了赤潮。

赤潮一般发生在内海、河口等地。实际上，赤潮并不都是红色的，它的颜色主要取决于引起赤潮发生的因素、藻类的种类和数量。比如，如果夜光藻数量过多，那么赤潮就是红色的；如果绿藻数量过多，那么就会发生绿潮。

那为什么赤潮的发生会给鱼类带来巨大的灾难呢？这是因为，赤潮发生就意味着海洋中的浮游生物过多，这些生物会消耗水中大量的氧气，导致海水呈现缺氧的状态，而且海水脱氧产生的硫化氢和甲烷对鱼类等也有致命的毒效，从而造成大量的鱼虾的死亡。一旦人食用了这种含有毒素的鱼类、虾类等，也会出现中毒，甚至死亡。

近年来，赤潮现象在世界各国的海域都频繁地发生，给海洋捕捞和养殖业都造成了难以估量的损失。比如波罗的海的某些海区底层已经没有生命存在了，造成这一后果的罪魁祸首就是赤潮。而近几年，我国的沿海地区也不同程度地出现了赤潮现象，让很多人都无比痛心。

美丽的海洋不是我们向大自然去索取的，而需要我们人类自己去营造。为了减少赤潮的发生，我们一定要懂得保护海洋，减少向海中排放过多的营养物质和有机物。

什么是台风？

对于风，大家肯定都不陌生。有徐徐的微风、凛冽的寒风。有一种风最更猛烈，这就是台风。

台风主要发生在热带海面上。这里阳光充足，空气中含有大量的水分，水汽在抬升中发生凝结，释放出大量的热量，使得海洋上空的对流运动进一步发展，导致海面上的气压下降，这样周围的暖湿空气就会补充进来，然后再抬升。这样一直循环下去，影响范围不断扩大，最终形成强大猛烈的空气旋涡。这就是台风。

一般来说，台风按其结构和带来的天气，主要分为台风眼、旋涡风雨区、外围大风区三个部分。台风眼位于台风的中心，这里风平浪静，天气晴朗，是台风来临时最平静的地方。旋涡风雨区位于台风眼的外侧，这里有厚厚的云层，会带来狂风暴雨，一般风力在 12 级左右，是刮台风时天气最恶劣的地方。外围大风区在台风的最外侧，这里的风力在 6 级左右。

台风实际上就是飓风，因为发生的地点、时间的不同，各个地区有不同的叫法。在印度洋和北太平洋的西部，包括中国南海范围内发生的，都称为台风。在大西洋和北太平洋的东部则称为“飓风”。在孟加拉湾地区被称为“孟加拉湾风暴”，而在南半球则被称为“气旋”。

现如今，每一场台风都有一个属于自己的名字，给台风命名是在 20 世纪初开始的。到了 1997 年，世界气象组织会议决定，西北太平洋和南海的热带气旋采用具有亚洲风格的名字命名，这种新的命名方法从 2000 年 1 月 1 日开始实施。命名表有 140 个名字，主要由中国、朝鲜、泰国、美国等 14 个成员国和地区提供，然后将这些名字按照英文字母顺序排列，按顺序循环使用。

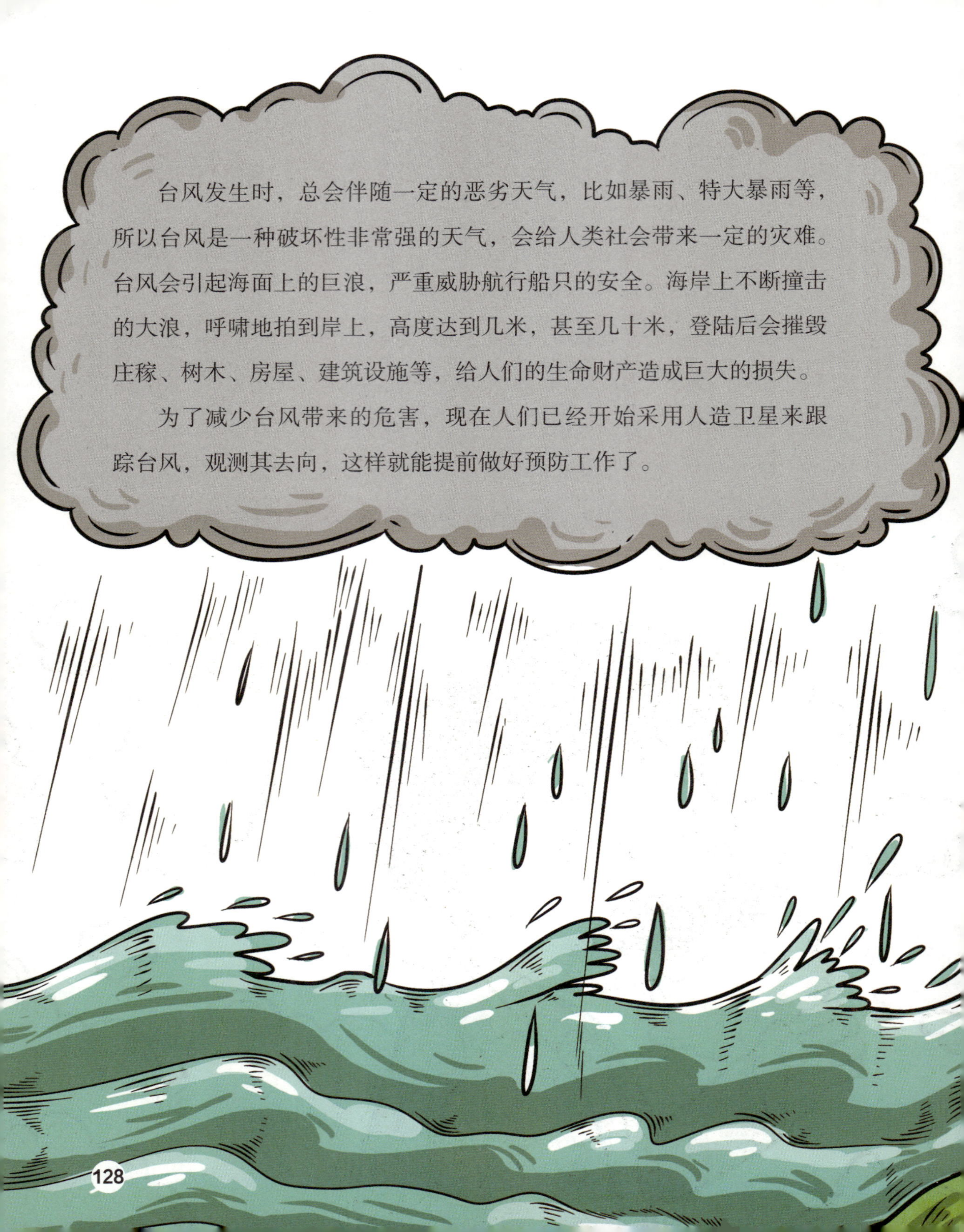

台风发生时，总会伴随一定的恶劣天气，比如暴雨、特大暴雨等，所以台风是一种破坏性非常强的天气，会给人类社会带来一定的灾难。台风会引起海面上的巨浪，严重威胁航行船只的安全。海岸上不断撞击的大浪，呼啸地拍到岸上，高度达到几米，甚至几十米，登陆后会摧毁庄稼、树木、房屋、建筑设施等，给人们的生命财产造成巨大的损失。

为了减少台风带来的危害，现在人们已经开始采用人造卫星来跟踪台风，观测其去向，这样就能提前做好预防工作了。

为什么说红树林是“近海卫士”？

红树林是指以红树科植物为主的灌木或乔木丛林。它们茂密地生长在热带和亚热带的海岸边，是由海洋向陆地过渡的滩涂地带的特殊生态系统。

红树林的生长环境很特殊，它们几乎常年浸泡在盐度很高的海水中，但依然长得郁郁葱葱，这是由它的特殊生态和生理特征决定的。

红树林里的树木不像陆地森林中的树木那样，有很粗壮的主干，而是从枝干上生长出很多支持根扎入泥土，以维持树身的稳定。而且红树林中的植物在根部会长出很多手指一样的根须，被称为呼吸根，即使被海水淹没，也能通过这种根须来呼吸。除此之外，红树林还有一个特点：它们的果实成熟后不会掉落，而是在母株上长成胚根，待生长到一定长度后才会坠落到泥滩里发芽扎根，长成独立的树苗。红树林中的植物，其细胞都有很高的渗透压，这种生理特性使它们能从盐度很高的海水中吸收水分。这是很多陆地植物做不到的。

红树林对于生态环境有着重要的作用。首先，它们为许多海洋生物提供了良好的生存环境。其次，它们为鸟类提供了丰富的食物来源。许多红树林区是各种海鸟的聚集地。第三，红树林被称为“近海卫士”，因为它们能够起到保护陆地的作用。它们盘根错节的根系能滞留陆地来的淤沙，能够保护滩涂地不被海水侵蚀。它们可以削弱来自大海的风浪，有利于巩固堤岸，还能净化海水和空气。红树林的存在意义重大，因此，在我国和其他很多国家都建立起不少红树林保护区。

海洋中真的有“美人鱼”吗？

我们都知道安徒生的著名童话《海的女儿》。童话中，美丽的人鱼公主爱上了人类世界的王子，谱写了一曲浪漫唯美的爱的赞歌。那么，在广阔的海洋中，是否真的存在“美人鱼”这种生物呢？

虽然很多生物学家对此都持否定态度，但是，在很多古代典籍中，都曾有过关于“美人鱼”的记载。早在2000多年前，生活在巴比伦地区的古希腊作家贝罗索斯就在其著作《巴比伦尼亚志》中描述了“美人鱼”的样子。

关于“美人鱼”是否存在的问题，海洋生物学家、动物学家和人类学家们进行了多年的研究，也提出了不少假设。挪威人类学家莱尔·华格纳博士认为“美人鱼”是确实存在的生物。英国海洋生物学家安利斯汀·爱特则认为，“美人鱼是类人猿的另一变种……是一种可以在水中生存的类人猿动物”。美国也有学者赞同这一观点。

我国有海洋生物学家认为，所谓的“美人鱼”其实是一种名叫“儒艮”的海洋哺乳动物。在 20 世纪 70 年代初，在我国南海多次发现过此种动物，而且还做过展览。儒艮用肺呼吸，每隔十几分钟就需要到水面上换气。它的背后长有稀疏的长毛，这可能会被目击者误认为是“美人鱼”的“长发”。在儒艮哺乳时，会用前肢来抱住幼仔，母体的头部和胸部会露出水面，以免幼仔吮吸乳汁时呛到水。如果有人看到这一幕，可能就会误以为是“美人鱼”在哺乳。

因此，关于海洋中存在“美人鱼”的说法虽然一直存在，但支持这个观点的有力证据一直没有出现过。也许，“美人鱼”真的只是生活在童话中。

海马是海里的马吗？

如果你认为海马像海狮、海象、海豹一样，是体形巨大的海洋动物，那你就猜错了。那么海马是什么呢？海马又叫水马，因为它的头长得像马的头，所以大家叫它海马。但是海马可不是海里的马，而是一种长相奇怪的小鱼！海马体形娇小，大的体长也就二三十厘米，小的体长甚至不到十厘米呢。

海马虽然是一种鱼，却是最不像鱼的鱼类，它的头部像马，身子和虾一样，还长有像大象鼻子一样的尾巴。除了这些，它还有一双能够分工配合的眼睛呢！一只可以转动着寻找食物，另一只就可以警惕周围有没有敌人，是不是够厉害？海马的嘴巴尖尖长长的，就算食物躲在海底的岩缝中，它也能很容易地吃到。

作为鱼类的海马也是有鳍的，它有背鳍、臀鳍、胸鳍，但是没有尾鳍。它的背鳍在躯干和尾巴之间，胸鳍相对发达，臀鳍很短小。它的鳍我

们用肉眼不容易看得出来，需要借助高速摄影，通过图像能看到一个个活动的棘条，这些棘条就是它的鳍。这些像棘条一样的鳍一秒钟可以活动70次，海马就是通过鳍活动的力量推动波浪，自由地上下前后移动。

海马游泳时一直保持直立状态，看上去就像一位绅士一样，其实它可是一种很懒惰的动物。因为每次游泳要耗费它很大的体力，它就想出一个办法，借助海藻或其他水生植物进行移动。它把尾巴缠在这些植物上，完全依靠背鳍和胸鳍来进行移动，上升或者下沉，这样就能节省很多力气，所以海马一般生活在沿岸水草多的地方。而且这些地方的小生物也多，能为它们提供充足的食物。

除了这些，海马还有一个和其他动物最大的不同点：大多数动物是雌性来养育后代，而海马却是由雄性养育孩子。因为在雄性海马的腹部有一个育儿囊，雌海马将卵产在雄海马的育儿囊中，直到孵化。当小海马孵出时，雄海马就会将它们从育儿囊的唯一开口放出来。

所以有很多人认为海马是雌雄同体，有的甚至以为是海马爸爸生的小海马，这都是错误的观点。海马并不是雌雄同体，它只是雄性孵化，也就是说海马爸爸的育儿袋只是起到了孵化器的作用，卵还是来源于海马妈妈哟！